· Lectures of Fermi ·

费米是20世纪所有伟大的物理学家中最受尊敬和崇拜者之一。他之所以受尊敬和崇拜，是因为他在理论物理和实验物理两方面的贡献，是因为在他领导下的工作为人类发现了强大的新能源，而更重要的是因为他的个性：他永远可靠和可信任；他永远脚踏实地。

——杨振宁

费米拥有极不平凡的天才，能将不同的、极难了解的自然现象都演变成清晰化、明朗化的能力。他是一位极伟大的理论和实验物理学巨人，也是一位很善教导很能引人深入的超级老师。

——李政道

费米讲课时层次分明而有逻辑性，学生很容易跟上他的思路；他努力减少复杂的证明以及影响主题的枝节问题；他知道什么是重要的，什么是应该被忽略的，他的简短的论证往往充满了说服力；费米上课时从不使用课本，也不带讲课笔记，在他的课上，学生必须做笔记；他指定的课后作业通常是物理问题的应用，强调分析能力，往往要求多种答案。

——美国实验物理学家威特伯格（Albert Wattenberg）

本书列入"十三五"国家重点图书出版规划

科学元典丛书

The Series of the Great Classics in Science

主　　编　任定成

执行主编　周雁翎

策　　划　周雁翎

丛书主持　陈　静

　　科学元典是科学史和人类文明史上划时代的丰碑，是人类文化的优秀遗产，是历经时间考验的不朽之作。它们不仅是伟大的科学创造的结晶，而且是科学精神、科学思想和科学方法的载体，具有永恒的意义和价值。

费米讲演录

Lectures of Fermi

［美］费米 著　杨建邺 译

北京大学出版社
PEKING UNIVERSITY PRESS

图书在版编目（CIP）数据

费米讲演录/（美）费米著；杨建邺译. —北京：北京大学出版社，2016. 11
（科学元典丛书）
ISBN 978-7-301-26768-4

Ⅰ.①费… Ⅱ.①费… ②杨… Ⅲ.①量子力学—研究 Ⅳ.①O413.1

中国版本图书馆 CIP 数据核字（2016）第 009805 号

书　　　名	费米讲演录
	FEIMI JIANGYANLU
著作责任者	〔美〕费米　著　杨建邺　译
丛书策划	周雁翎
丛书主持	陈　静
责任编辑	唐知涵
标准书号	ISBN 978-7-301-26768-4
出版发行	北京大学出版社
地　　　址	北京市海淀区成府路 205 号　　100871
网　　　址	http://www.pup.cn　新浪微博：@北京大学出版社
微信公众号	科学元典（微信号： kexueyuandian）
电子信箱	zyl@ pup.pku.edu.cn
电　　　话	邮购部 010-62752015　发行部 010-62750672　编辑部 010-62753056
印　刷　者	北京中科印刷有限公司
经　销　者	新华书店
	787 毫米×1092 毫米　16 开本　16.5 印张　8 插页　320 千字
	2016 年 11 月第 1 版　2021 年 12 月第 3 次印刷
定　　　价	68. 00 元

弁 言

· *Preface to the Series of the Great Classics in Science* ·

这套丛书中收入的著作，是自古希腊以来，主要是自文艺复兴时期现代科学诞生以来，经过足够长的历史检验的科学经典。为了区别于时下被广泛使用的"经典"一词，我们称之为"科学元典"。

我们这里所说的"经典"，不同于歌迷们所说的"经典"，也不同于表演艺术家们朗诵的"科学经典名篇"。受歌迷欢迎的流行歌曲属于"当代经典"，实际上是时尚的东西，其含义与我们所说的代表传统的经典恰恰相反。表演艺术家们朗诵的"科学经典名篇"多是表现科学家们的情感和生活态度的散文，甚至反映科学家生活的话剧台词，它们可能脍炙人口，是否属于人文领域里的经典姑且不论，但基本上没有科学内容。并非著名科学大师的一切言论或者是广为流传的作品都是科学经典。

这里所谓的科学元典，是指科学经典中最基本、最重要的著作，是在人类智识史和人类文明史上划时代的丰碑，是理性精神的载体，具有永恒的价值。

一

科学元典或者是一场深刻的科学革命的丰碑，或者是一个严密的科学体系的构架，或者是一个生机勃勃的科学领域的基石，或者是一座传播科学文明的灯塔。它们既是昔日科学成就的创造性总结，又是未来科学探索的理性依托。

哥白尼的《天体运行论》是人类历史上最具革命性的震撼心灵的著作，它向统治西方思想千余年的地心说发出了挑战，动摇了"正统宗教"学说的天文学基础。伽利略《关于托勒密与哥白尼两大世界体系的对话》以确凿的证据进一步论证了哥白尼学说，更直接地动摇了教会所庇护的托勒密学说。哈维的《心血运动论》以对人类躯体和心灵的双重关怀，满怀真挚的宗教情感，阐述了血液循环理论，推翻了同样统治西方思想千余年、被"正统宗教"所庇护的盖伦学说。笛卡儿的《几何》不仅创立了为后来诞生的微积分提供了工具的解析几何，而且折射出影响万世的思想方法论。牛顿的《自然哲学之数学原理》标志着 17 世纪科学革命的顶点，为后来的工业革命奠定了科学基础。分别以惠更斯的《光论》与牛顿的《光学》为代表的波动说与微粒说之间展开了长达 200 余年的论战。拉瓦锡在《化学基础论》中详尽论述了氧化理论，推翻了统治化学百余年之久的燃素理论，这一智识壮举被公认为历史上最自觉的科学革命。道尔顿的《化学哲学新体系》奠定了物质结构理论的基础，开创了科学中的新时代，使 19 世纪的化学家们有计划地向未知领域前进。傅立叶的《热的解析理论》以其对热传导问题的精湛处理，突破了牛顿《原理》所规定的理论力学范围，开创了数学物理学的崭新领域。达尔文《物种起源》中的进化论思想不仅在生物学发展到分子水平的今天仍然是科学家们阐释的对象，而且 100 多年来几乎在科学、社会和人文的所有领域都在施展它有形和无形的影响。摩尔根的《基因论》揭示了孟德尔式遗传性状传递机理的物质基础，把生命科学推进到基因水平。爱因斯坦的《狭义与广义相对论浅说》和薛定谔的《关于波动力学的四次演讲》分别阐述了物质世界在高速和微观领域的运动规律，完全改变了自牛顿以来的世界观。魏格纳的《海陆的起源》提出了大陆漂移的猜想，为当代地球科学提供了新的发展基点。维纳的《控制论》揭示了控制系统的反馈过程，普里戈金的《从存在到演化》发现了系统可能从原来无序向新的有序态转化的机制，二者的思想在今天的影响已经远远超越了自然科学领域，影响到经济学、社会学、政治学等领域。

科学元典的永恒魅力令后人特别是后来的思想家为之倾倒。欧几里得的《几何原本》以手抄本形式流传了 1800 余年，又以印刷本用各种文字出了 1000 版以上。阿基米德写了大量的科学著作，达·芬奇把他当作偶像崇拜，热切搜求他的手稿。伽利略以他的继承人自居。莱布尼兹则说，了解他的人对后代杰出人物的成就就不会那么赞赏了。为捍卫《天体运行论》中的学说，布鲁诺被教会处以火刑。伽利略因为其《关于托勒密与哥白尼两大世界体系的对话》一书，遭教会的终身监禁，备受折磨。伽利略说吉尔伯特的《论磁》一书伟大得令人嫉妒。拉普拉斯说，牛顿的《自然哲学之数学原理》揭示了宇宙的最伟大定律，它将永远成为深邃智慧的纪念碑。拉瓦锡在他的《化学基础论》出版后5年被法国革命法庭处死，传说拉格朗日悲愤地说，砍掉这颗头颅只要一瞬间，再长出这样的头颅一百年也不够。《化学哲学新体系》的作者道尔顿应邀访法，当他走进法国科学院会议厅时，院长和全体院士起立致敬，得到拿破仑未曾享有的殊荣。傅立叶在《热的解析理论》中阐述的强有力的数学工具深深影响了整个现代物理学，推动数学分析的发展达一个多世纪，麦克斯韦称赞该书是"一首美妙的诗"。当人们咒骂《物种起源》是"魔鬼的经典""禽兽的哲学"的时候，赫胥黎甘做"达尔文的斗犬"，挺身捍卫进化论，撰写了《进化论与伦理学》和《人类在自然界的位置》，阐发达尔文的学说。经过严复的译述，赫胥黎的著作成为维新领袖、辛亥精英、"五四"斗士改造中国的思想武器。爱因斯坦说法拉第在《电学实验研究》中论证的磁场和电场的思想是自牛顿以来物理学基础所经历的最深刻变化。

在科学元典里，有讲述不完的传奇故事，有颠覆思想的心智波涛，有激动人心的理性思考，有万世不竭的精神甘泉。

二

按照科学计量学先驱普赖斯等人的研究，现代科学文献在多数时间里呈指数增长趋势。现代科学界，相当多的科学文献发表之后，并没有任何人引用。就是一时被引用过的科学文献，很多没过多久就被新的文献所淹没了。科学注重的是创造出新的实在知识。从这个意义上说，科学是向前看的。但是，我们也可以看到，这么多文献被淹没，也表明划时代的科学文献数量是很少的。大多数科学元典不被现代科学文献所引用，那是因为其中的知识早已成为科学中无须证明的常识了。即使这样，科学经典也会因为其中思想的恒久意义，而像人文领域里的经典一样，具有永恒的阅读价值。于是，科学经典就被一编再编、一印再印。

早期诺贝尔奖得主奥斯特瓦尔德编的物理学和化学经典丛书"精密自然科学经典"从1889年开始出版，后来以"奥斯特瓦尔德经典著作"为名一直在编辑出版，有资料说目前已经出版了250余卷。祖德霍夫编辑的"医学经典"丛书从1910年就开始陆续出版了。也是这一年，蒸馏器俱乐部编辑出版了20卷"蒸馏器俱乐部再版本"丛书，丛书中全是化学经典，这个版本甚至被化学家在20世纪的科学刊物上发表的论文所引用。一般把 1789 年拉瓦锡的化学革命当作现代化学诞生的标志,把 1914 年爆发的第一次世界大战称为化学家之战。奈特把反映这个时期化学的重大进展的文章编成一卷,把这个时期的其他 9 部总结性化学著作各编为一卷,辑为 10 卷"1789—1914 年的化学发展"丛书,于 1998 年出版。像这样的某一科学领域的经典丛书还有很多很多。

科学领域里的经典,与人文领域里的经典一样,是经得起反复咀嚼的。两个领域里的经典一起,就可以勾勒出人类智识的发展轨迹。正因为如此,在发达国家出版的很多经典丛书中,就包含了这两个领域的重要著作。1924 年起,沃尔科特开始主编一套包括人文与科学两个领域的原始文献丛书。这个计划先后得到了美国哲学协会、美国科学促进会、美国科学史学会、美国人类学协会、美国数学协会、美国数学学会以及美国天文学学会的支持。1925 年,这套丛书中的《天文学原始文献》和《数学原始文献》出版,这两本书出版后的 25 年内市场情况一直很好。1950 年,他把这套丛书中的科学经典部分发展成为"科学史原始文献"丛书出版。其中有《希腊科学原始文献》《中世纪科学原始文献》和《20 世纪(1900—1950 年)科学原始文献》,文艺复兴至 19 世纪则按科学学科(天文学、数学、物理学、地质学、动物生物学以及化学诸卷)编辑出版。约翰逊、米利肯和威瑟斯庞三人主编的"大师杰作丛书"中,包括了小尼德勒编的 3 卷"科学大师杰作",后者于 1947 年初版,后来多次重印。

在综合性的经典丛书中,影响最为广泛的当推哈钦斯和艾德勒 1943 年开始主持编译的"西方世界伟大著作丛书"。这套书耗资 200 万美元,于 1952 年完成。丛书根据独创性、文献价值、历史地位和现存意义等标准,选择出 74 位西方历史文化巨人的 443 部作品,加上丛书导言和综合索引,辑为 54 卷,篇幅 2 500 万单词,共 32 000 页。丛书中收入不少科学著作。购买丛书的不仅有"大款"和学者,而且还有屠夫、面包师和烛台匠。迄 1965 年,丛书已重印 30 次左右,此后还多次重印,任何国家稍微像样的大学图书馆都将其列入必藏图书之列。这套丛书是 20 世纪上半叶在美国大学兴起而后扩展到全社会的经典著作研读运动的产物。这个时期,美国一些大学的寓所、校园和酒吧里都能听到学生讨论古典佳作的声音。有的大学要求学生必须深研 100 多部名著,甚至在教学中不得使用最新的实验设备而是借助历史上的科学大师所使用的方法和仪器复制品去再现划时代的著名实验。至 20 世纪 40 年代末,美国举办古典名著学习班的城市达 300 个,学员约 50 000 余众。

相比之下,国人眼中的经典,往往多指人文而少有科学。一部公元前 300 年左右古希腊人写就的《几何原本》,从 1592 年到 1605 年的 13 年间先后 3 次汉译而未果,经 17 世纪初和 19 世纪 50 年代的两次努力才分别译刊出全书来。近几百年来移译的西学典籍中,成系统者甚多,但皆系人文领域。汉译科学著作,多为应景之需,所见典籍寥若晨星。借 20 世纪 70 年代末举国欢庆"科学春天"到来之良机,有好尚者发出组译出版"自然科学世界名著丛书"的呼声,但最终结果却是好尚者抱憾而终。20世纪90年代初出版的"科学名著文库",虽使科学元典的汉译初见系统,但以10卷之小的容量投放于偌大的中国读书界,与具有悠久文化传统的泱泱大国实不相称。

我们不得不问:一个民族只重视人文经典而忽视科学经典,何以自立于当代世界民族之林呢?

三

科学元典是科学进一步发展的灯塔和坐标。它们标识的重大突破,往往导致的是常规科学的快速发展。在常规科学时期,人们发现的多数现象和提出的多数理论,都要用科学元典中的思想来解释。而在常规科学中发现的旧范型中看似不能得到解释的现象,其重要性往往也要通过与科学元典中的思想的比较显示出来。

在常规科学时期,不仅有专注于狭窄领域常规研究的科学家,也有一些从事着常规研究但又关注着科学基础、科学思想以及科学划时代变化的科学家。随着科学发展中发现的新现象,这些科学家的头脑里自然而然地就会浮现历史上相应的划时代成就。他们会对科学元典中的相应思想,重新加以诠释,以期从中得出对新现象的说明,并有可能产生新的理念。百余年来,达尔文在《物种起源》中提出的思想,被不同的人解读出不同的信息。古脊椎动物学、古人类学、进化生物学、遗传学、动物行为学、社会生物学等领域的几乎所有重大发现,都要拿出来与《物种起源》中的思想进行比较和说明。玻尔在揭示氢原子光谱的结构时,提出的原子结构就类似于哥白尼等人的太阳系模型。现代量子力学揭示的微观物质的波粒二象性,就是对光的波粒二象性的拓展,而爱因斯坦揭示的光的波粒二象性就是在光的波动说和粒子说的基础上,针对光电效应,提出的全新理论。而正是与光的波动说和粒子说二者的困难的比较,我们才可以看出光的波粒二象性学说的意义。可以说,科学元典是时读时新的。

除了具体的科学思想之外,科学元典还以其方法学上的创造性而彪炳史册。这些方法学思想,永远值得后人学习和研究。当代研究人的创造性的诸多前沿领域,如认知心理学、科学哲学、人工智能、认知科学等,都涉及对科学大师的研究方法的研究。一些科学史学家以科学元典为基点,把触角延伸到科学家的信件、实验室记录、所属机构的档案等原始材料中去,揭示出许多新的历史现象。近二十多年兴起的机器发现,首先就是对科学史学家提供的材料,编制程序,在机器中重新做出历史上的伟大发现。借助于人工智能手段,人们已经在机器上重新发现了波义耳定律、开普勒行星运动第三定律,提出了燃素理论。萨伽德甚至用机器研究科学理论的竞争与接受,系统研究了拉瓦锡氧化理论、达尔文进化学说、魏格纳大陆漂移说、哥白尼日心说、牛顿力学、爱因斯坦相对论、量子论以及心理学中的行为主义和认知主义形成的革命过程和接受过程。

除了这些对于科学元典标识的重大科学成就中的创造力的研究之外，人们还曾经大规模地把这些成就的创造过程运用于基础教育之中。美国兴起的发现法教学，就是几十年前在这方面的尝试。近二十多年来，兴起了基础教育改革的全球浪潮，其目标就是提高学生的科学素养，改变片面灌输科学知识的状况。其中的一个重要举措，就是在教学中加强科学探究过程的理解和训练。因为，单就科学本身而言，它不仅外化为工艺、流程、技术及其产物等器物形态、直接表现为概念、定律和理论等知识形态，更深蕴于其特有的思想、观念和方法等精神形态之中。没有人怀疑，我们通过阅读今天的教科书就可以方便地学到科学元典著作中的科学知识，而且由于科学的进步，我们从现代教科书上所学的知识甚至比经典著作中的更完善。但是，教科书所提供的只是结晶状态的凝固知识，而科学本是历史的、创造的、流动的，在这历史、创造和流动过程之中，一些东西蒸发了，另一些东西积淀了，只有科学思想、科学观念和科学方法保持着永恒的活力。

然而，遗憾的是，我们的基础教育课本和科普读物中讲的许多科学史故事不少都是误讹相传的东西。比如，把血液循环的发现归于哈维，指责道尔顿提出二元化合物的元素原子数最简比是当时的错误，讲伽利略在比萨斜塔上做过落体实验，宣称牛顿提出了牛顿定律的诸数学表达式，等等。好像科学史就像网络上传播的八卦那样简单和耸人听闻。为避免这样的误讹，我们不妨读一读科学元典，看看历史上的伟人当时到底是如何思考的。

现在，我们的大学正处在席卷全球的通识教育浪潮之中。就我的理解，通识教育固然要对理工农医专业的学生开设一些人文社会科学的导论性课程，要对人文社会科学专业的学生开设一些理工农医的导论性课程，但是，我们也可以考虑适当跳出专与博、文与理的关系的思考路数，对所有专业的学生开设一些真正通而识之的综合性课程，或者倡导这样的阅读活动、讨论活动、交流活动甚至跨学科的研究活动，发掘文化遗产、分享古典智慧、继承高雅传统，把经典与前沿、传统与现代、创造与继承、现实与永恒等事关全民素质、民族命运和世界使命的问题联合起来进行思索。

我们面对不朽的理性群碑，也就是面对永恒的科学灵魂。在这些灵魂面前，我们不是要顶礼膜拜，而是要认真研习解读，读出历史的价值，读出时代的精神，把握科学的灵魂。我们要不断吸取深蕴其中的科学精神、科学思想和科学方法，并使之成为推动我们前进的伟大精神力量。

任定成

2005 年 8 月 6 日

北京大学承泽园迪吉轩

▲恩里科·费米（Enrico Fermi，1901—1954），意大利裔美国物理学家。

▲1901年9月29日下午5点，恩里科·费米出生在意大利首都罗马。图为费米的出生地。

▲图为恩里科·费米和他的乳母玛丽埃塔，摄于1902年的罗马。恩里科和哥哥出生后均被送到乡下的乳母家养，因此他与哥哥的情谊格外深厚。

◀恩里科年幼时与他的哥哥兴趣相投，他们一起制作电动机，并玩一些电动和机械玩具。1915年，朱里奥意外离世，这对恩里科的打击很大。图为十岁时的恩里科·费米和哥哥的合影。

▲他的父亲阿尔贝托·费米（Alberto Fermi）是意大利铁道部的一名管理人员，母亲伊达·德伽提丝（Ida de Gattis Fermi）是一名小学教员。图为费米一家和好友们的合影。

▲图为1905年，四岁的恩里科同姐姐玛丽亚和哥哥朱里奥的合影。姐姐大他两岁，哥哥大他一岁。

▲ 1928年7月19日，恩里科·费米和劳拉·卡彭（Laura Capon，1907—1977）举行了婚礼。劳拉曾在罗马大学学习自然科学。图为费米结婚时的合影。

▲ 婚后不久，费米夫妇开始了阿尔卑斯山的蜜月之旅，并在蜜月之后定居在了劳拉父母为他们购买的位于罗马的公寓中。图为费米夫妇婚后的合影。

▲ 费米夫妇育有两个孩子，女儿内拉（Nella）和儿子朱里奥（Giulio）。图为费米怀抱女儿内拉。

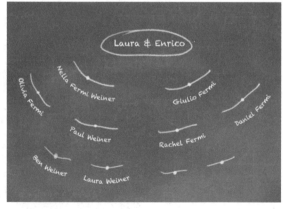

▲ 费米夫妇的子嗣关系图。

SCUOLA
NORMALE
SUPERIORE

◀比萨高等师范学校（Scuola Normale Superiore di Pisa，简称SNS）是坐落在意大利比萨的一所公立高等教育及研究机构，是比萨大学系统的一部分，由拿破仑于1810年仿照巴黎高等师范学校创建。

比萨高等师范学校通过极严格的选拔考试录取新生，被视为意大利最好的高等学府之一。其校友包括三名诺贝尔奖得主和多名意大利政要，费米便是其中之一。图为比萨高等师范学校的校徽。

▲1920年9月，费米进入物理系。当时物理系只有三名学生，费米、拉赛蒂（Franco Dino Rasetti，1901—2001）以及内洛·卡拉拉（Nello Carrara，1900—1993）。图为1925年，费米、拉赛蒂以及内洛·卡拉拉在阿尔卑斯山的合影。

▲费米在比萨时期的导师是物理实验室主任路易吉·普钱蒂（Luigi Puccianti，1875—1952）。图为路易吉·普钱蒂在比萨高等师范学校任教时的照片。

▶1922年7月，费米向比萨高等师范学校提交了他的学位论文《概率论的一条定理及它的一些应用》，获得了学士学位。

▲1922年，从比萨高等师范学校毕业的费米取得意大利教育部的奖学金，赴德国哥廷根大学，师从著名物理学家玻恩（Max Born，1882—1970），一直到第二年8月。

▲1926年，费米申请罗马大学的理论物理学教授席位。这是一个新设的教授席位，也是意大利首批理论物理学教授席位。图为罗马大学的图片。

▲图为1934年左右，费米及他的研究团队在罗马大学物理研究所的合影。从左至右依次是：德阿古斯蒂诺（Oscar D'Agostino，1901—1975）、塞格雷（Emilio Segrè，1905—1989）、阿马尔迪（Edoardo Amaldi，1908—1989）、拉赛蒂以及费米。

◀在罗马任职期间，费米与他的团队一道为物理学的理论及实际应用作出多项贡献。1928年，费米编写的教材《原子物理学引论》（意大利语：*Introduzione alla fisica atomica*）出版，为当时意大利的大学生提供了当时最新的相关知识。

▶在费米任教罗马大学期间，一些外国留学生开始到意大利学习物理，1967年诺贝尔物理学奖获得者、德裔美国物理学家汉斯·贝特（Hans Bethe，1906—2005）也曾是这些留学生中的一员。他于1932年与费米合写论文《论两个电子间的相互作用》。

▲为避免身为犹太裔的妻子遭受法西斯迫害，费米一家于1938年12月24日登上了驶往美国的"法兰克尼亚号"。图为费米全家刚到美国时的留影，摄于1939年。随后费米选择到哥伦比亚大学工作。

▲刚到美国的费米，立刻投入到教学工作中。图为费米正在为学生讲课。

▲图为芝加哥一号堆主要研究人员。芝加哥一号堆是人类历史上第一个核反应堆，属于"曼哈顿计划"的一部分。前排左一为费米。

▲1941年12月18日，美国对日宣战，由于费米是世界范围内中子方面的权威，且集理论与实验天才于一身，他被选为世界第一台核反应堆攻关小组长，并参与到"曼哈顿计划"中。图为费米与"曼哈顿计划"中当地的工匠交谈。

▼位于芝加哥大学第一次链式核反应所在地的纪念雕塑，原来的橄榄球场被拆除。

费米因为他的成就获得过许多荣誉，其中包括马泰乌奇奖章（1926年）、诺贝尔物理学奖（1938年）、休斯奖章（1942年）、富兰克林奖章（1947年）以及拉姆福德奖（1953年）。1946年，他还因对于"曼哈顿计划"作出的贡献而获得功绩勋章。1950年，费米被选为英国皇家学会的外籍会员。在被称为"意大利的先贤祠"的圣十字圣殿中也立有费米的纪念碑。1999年，费米又入选了《时代周刊》评选的"20世纪最具影响力的100个人"。费米被公认为是20世纪少数几位在理论方面以及实验方面皆能称作佼佼者的物理学家之一。

▲ 富兰克林奖章。

▲ 诺贝尔奖章。

▲ 拉姆福德奖章。

▲ 休斯奖章。

▲ 马克斯·普朗克奖章。

▲ 功绩奖章。

▲ 为纪念费米而发行的邮票。

费米身后有许许多多的事物是以他的名字命名的。这包括位于伊利诺伊州的费米实验室以及2008年发射的费米伽马射线太空望远镜。此外，还有三座核反应堆设施是以他的名字命名的，分别是位于美国密歇根州的恩里科·费米核电站、位于意大利特里诺的恩里科·费米核电厂以及位于阿根廷的RA-1恩里科·费米反应堆。第100号元素镄也是以费米的姓氏命名的。

▲ 费米国立加速器实验室（Fermi National Accelerator Laboratory，缩写为Fermilab或FNAL），简称费米实验室，是隶属于美国能源部的一所国家实验室，位于美国伊利诺伊州巴达维亚附近的草原上。图为费米实验室航拍图。

▼ 费米伽马射线太空望远镜是在地球低轨道的伽马射线天文学太空望远镜。图为2008年5月到达卡纳维尔角的费米伽马射线太空望远镜卫星本体。

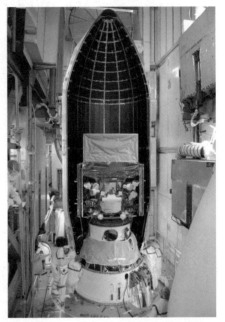

▼ 图为位于美国密歇根州的恩里科·费米核电站。

目　录

导　读

杨建邺

（华中科技大学　教授）

· Introduction to Chinese Version ·

> 　　我想一个思考比较成熟的、念得很好的学生，如果能够在一个早的时候接触到一些风格比较合适或者是比较重要的文章，并吸收了它们的精神，这对他将来选择正确的问题和正确解决问题的方法会是有很大帮助的。
>
> 　　　　　　　　　　　　　　　——杨振宁

中国有一句人人熟悉的成语："文如其人"。这是说一篇文章的品位、风格与文章作者的品格相似。

因此我们如果想深入理解《费米讲演录》一书，最好的办法就是先来了解费米这个人。了解了费米其人，才可能了解他对物理学的风格和品味，从而才能进一步理解他写的《量子力学讲义》有什么特别值得注意的地方。

杨振宁曾经在 1982 年 10 月一篇采访里谈到"科学人才的志趣和风格"，其大意是：一个人在刚接触到物理学的时候，他所接触的方向及其思考的方法，与他自己过去的训练和他的个性结合在一起，会造成一个英文叫做 taste。taste 有人把它译为"品位"，这不见得是最正确的翻译。"品位"的形成基本上是在早年，它对一个人未来的工作会有十分重要的影响，也许可以说是决定性的影响。

有的学生在学习量子力学的时候，尽管他吸收了很多东西，可是他没有发展成为一种"品位"。这类学生的发展前途不容乐观。杨振宁特别强调的是：

我想一个思考比较成熟的、念得很好的学生，如果能够在一个早一些时候接触到一些风格比较合适或者是比较重要的文章，并吸收了它们的精神，这对他将来选择正确的问题和正确解决问题的方法会是有很大帮助的。

正是基于这一原因，我觉得要了解《费米讲演录》一书的精髓，必须先了解费米其人。

◀费米国家实验室

费米其人

20 世纪 30 年代,沉寂了几个世纪的意大利科学界,突然冒出一颗耀眼的科学新星,让世人对曾经有过伽利略、伏打(Alessandro Volta,1745—1827)、阿伏伽德罗的意大利的科学,再次刮目相看。这颗新星就是 1938 年诺贝尔物理学奖获得者恩里科·费米(Enrico Fermi,1901—1954)。

1995 年 10 月,一位节目主持人采访李政道教授(1926— ,1957 年获诺贝尔物理学奖)时问:"由于您卓越的成就而使您拥有全球范围内的崇拜者,那您最崇拜的人是谁呢?"

李政道教授回答说:"在科学上是爱因斯坦和费米,费米是我的博士生导师,曾发明核反应堆。"

杨振宁教授(1922— ,1957 年获诺贝尔物理学奖)也是费米的学生之一,他曾经在一篇文章中写道:"费米是 20 世纪的一位大物理学家。他有很多特点。他是最后一位既做理论,又做实验,而且在两个方面都是第一流的大物理学家。"

从这两位诺贝尔获奖者的评价,可以看出费米在 20 世纪物理学中的地位了。

1927 年 9 月,在意大利的科摩举行纪念意大利科学家伏打逝世一百周年国际物理学大会。意大利的独裁者墨索里尼刚夺得政权一年,为了显示法西斯主义的辉煌,他特别叮嘱这次会议要以最豪华的水平接待来自各国的著名科学家,还要安排高标准的旅游。时任罗马大学理学院院长的柯比诺(Orso M. Corbino,1876—1937)私下对人说:"意大利应该更多地展示物理学而不是慷慨的接待。它不应该自欺欺人地以为主办一次会议就可以代替科学成就。"

　　让柯比诺聊以自慰的是由他精心培养的费米,总算是参加会议的意大利代表中一个够份量的物理学家。虽然还仅仅是唯一的一个,但是他相信再假以时日,就会不止有费米一个人了,一个让他暗自兴奋的"罗马学派"正在意大利悄然成长。

　　柯比诺是西西里人,他那时不仅是罗马大学理学院院长、一位卓越的物理学家,而且还是参议员。后来他成了墨索里尼内阁的一个部长,但却坚持不参加法西斯党。柯比诺早已觉察到,物理学从 1900 年发生激动人心的变革以来,没有一个意大利物理学家做出过让人值得一提的新成果。柯比诺本人虽然是意大利在 20 世纪头 25 年唯一稍有成就的物理学家,但他认识到自己的科学才干不足以挑起振兴意大利科学的重任,因此尽管他正处于一个科学家事业成熟的年龄,却把他的绝大部分时间和精力用来发现和培养人才。他有西西里人那种固有的大胆和执著。

　　在柯比诺的直接策划下,他把费米、拉赛蒂(Franco D. Rasetti,1901—2001)、塞格雷(Emilio Segré,1905—1989,1959年获得诺贝尔物理学奖)和阿马尔迪(Edoardo Amaldi,1908—1989)等最优秀的物理学人才,从意大利各大学调到罗马大学,然后送到其他国家进修。费米到哥廷根大学、莱比锡大学,拉赛蒂去了加州理工学院和柏林物理研究所,塞格雷到荷兰阿姆斯特丹和汉堡,阿马尔迪到莱比锡的德拜手下工作……。柯比诺决心要把他的"孩子们"送到欧洲最有名的物理学家手下,让他们获得当时最优秀的物理学家的熏陶和训练。

　　到 1932 年前后,柯比诺感到他盼望已久的罗马学派已经像点火待发的军舰,顷刻将冲进那汹涌辽阔的大海,那儿有无数的宝藏等待他的"孩子们"去发现。

奠定量子电动力学基础和提出 β 衰变理论

费米在理论物理学上的贡献非常之大,是他奠定了量子电动力学的基础和提出 β 衰变理论。谈到费米建立量子电动力学时,杨振宁在《费米的故事》中这样写道:

1930 年费米写了一篇文章,是用意大利文写的;1932 年,在《现代物理评论》上用英文发表了。他的这篇文章非常直截了当、非常具体地奠定了量子电动力学的基础。不管当时狄拉克、泡利(Wolfgang Pauli,1900—1958,1945 年获得诺贝尔物理学奖)、海森伯写了多少篇文章,他们所做的东西都偏于形式化,所得的结果不具体、不清楚。然而,经过费米的工作,就变得非常具体、非常清楚了。当时一些从事这方面工作的人,比如乌伦贝克,就曾经对我讲过,说是在费米的文章发表以前,没有人懂量子电动力学,算来算去都是一些形式化的东西,对于具体的内容并没有理解。费米的文章出来以后,才真正地懂了。费米的这种扎扎实实、双脚着地的特点,正是他的基本成功之处。

至于 β 衰变理论的建立,塞格雷在他的自传《永远向前》(*A Mind Always in Motion*)中写道:

1933 年……费米提出了 β 衰变理论——他自己认为这是他对物理学最重要的贡献。在这一理论中他发展了泡利的中微子假说,建立了 β 衰变的定量理论。他的理论引入了弱相互作用,后来证明这是一种新的"自然力"。费米去世后,弱相互作用揭示出许多惊人的特性,例如宇称不守恒,还有它与电磁相互作用之间深刻的联系。

诚如塞格雷所说，β衰变理论与中微子（neutrino）的提出有直接关系。

中微子的发现与一桩"能量失窃案"有关。我们知道，在任何物质运动过程中能量可以转化，但其值总是不会减少也不会增加的。但在1914年英国物理学家查德威克（James Chadwick，1891—1974，1935年获得诺贝尔物理学奖）做放射性实验时，发现放射性物质放射出的β粒子（即一种高速运动的电子）有一连续能谱分布。这一实验结果使物理学家大惑不解。因为按照能量守恒定律，β粒子应该有确定的能量。例如，核A在放射出β粒子后，变成另一种核B，β粒子的能量 E_β 根据能量守恒定律应为：

$$E_\beta = E_A - E_B$$

上式中 E_A 和 E_B 分别为核A和核B的全部内能，可由公式 $E = mc^2$ 算出，因此它们是确定的。E_A 和 E_B 是确定的，E_β 当然也是确定的。但查德威克的实验结果却显示出，E_β 的能量可以在零到某一个最大值之间连续分布，而且衰变后的总能量比衰变前的总能量还要少一些。这就是轰动一时的"能量失窃案"。

这个反应除了"能量失窃"以外，由于反应前后氮核自旋（nuclear spin）的改变，使得氮核的角动量守恒也不守恒了，因此又称为"氮危机"。

为了解决这一危机，物理学家们提出了各种各样的方案，除了玻尔等人提出能量守恒定律需要修改的方案以外，泡利提出可以用一个办法同时解决这两个困难：那就是在核里①除了质子和电子以外，也许还存在一个新的、暂时尚未被人知晓的粒子——这个粒子是电中性的，自旋为1/2。有了这种粒子，上述两个困难可能同时得到解决。

何以能一箭双雕地解决两个困难呢？一是短缺的能量很可能是被这个新粒子带走了；二是由于核里有中微子这种自旋为

——————————
①　本文中所有的着重号都是本文作者所加。

1/2的新粒子,角动量守恒定律就可以得到保证。

泡利在刚提出中微子假说的时候还十分犹疑,他曾经谨慎地写道:"……我承认,我的补救方法似乎可能性很小,因此如果真有中微子的话,也许它早就被发现了。但是,不入虎穴,焉得虎子?"

就是在连泡利都还不自信的情况下,费米却在1933年就提出了与中微子有密切关系的"β衰变理论"。这个理论认为,β衰变中从核里放出来的中微子和电子原来并不在核里,而是核里的中子在某种条件下转变为一个质子,并且在转变过程中放射出一个电子和一个中微子;在合适的情形下原子核内的质子也能转变成中子,但这时放出来的是正电子(而不是质子)和另一种中微子。电子和中微子都是在反应过程中产生并飞出核外的。这样,β衰变理论只用考虑核外电子、中微子的存在,而不涉及当时还非常生疏的原子核物理。

当后来的实验证实了费米的β衰变理论是正确的以后,一位苏联物理学家赞叹地说:"离奇的是……像在钢笔尖上建摩天大楼那样,在想象的中微子基础上建立了完整而详细的β衰变中微子理论。"

"中微子"这个名称也是费米在一次会议上灵机一动取的,因为这时查德威克已经发现了中子,而中微子的质量比电子还小得多,因而"微"不足道。

费米非常看重他提出的β衰变理论,杨振宁对此还表示过惊讶。在《费米的β衰变理论》一文中杨振宁写道:

20世纪70年代的一天,我和维格纳在洛克菲勒大学咖啡室中曾有过下面一段谈话。

杨振宁:你认为费米在理论物理中最重要的贡献是什么?

维格纳:β衰变理论。

杨振宁:怎么会呢?它已被更基本的概念所取代。当然,他的β衰变理论是很重要的贡献,它支配了整个领域40多年。

它把当时无法了解的部分置之一旁，而专注于当时能计算的部分。结果是美妙的，并且和实验结果相符。可是它不是永恒的。相反，费米分布（Fermi distribution）才是永恒的。

维格纳：不然，不然，你不了解它在当时的影响。冯·诺伊曼和我以及其他人曾经对 β 衰变探讨过很长时间，我们就是不知道在原子核中怎么会产生出一个电子来。

杨振宁：不是费米用了二次量子化的 ψ 以后，大家才知道是怎么回事吗？

维格纳：是的。

杨振宁：可是是你和约尔丹（P. Jordan）首先发明二次量子化的 ψ。

维格纳：对的，对的，可是我们从来没有想到过它能用在现实的物理理论里。

杨振宁后来回忆说：

这段对话不仅仅反映了维格纳和我对费米 β 衰变理论非常不同的评价，也反映了费米自己和他们那一代人，与我这一代人对他的理论非常不同的评价。最近我考察了以往的文献，因此更好地明白了这种不同评价的原因。

这段话也认证了在 20 世纪 30 年代，费米确实是一位非常了不起的理论物理学家。

费米发现"超铀元素"

费米不仅仅是一位重要的理论物理学家，对量子电动力学和 β 衰变理论作过非常重要的贡献，而且他还是一位非常优秀的实验物理学家。杨振宁曾经说：

费米是 20 世纪所有伟大的物理学家中最受尊敬和崇拜者之一。他之所以受尊敬和崇拜，是因为他在理论物理和实验物理两方面的贡献，是因为在他领导下的工作为人类发现了强大的新能源，而更重要的是因为他的个性：他永远可靠和可以信任；他永远脚踏实地。他的能力极强，却不滥用影响，也不哗众取宠，或巧语贬人。

费米显示出在实验物理方面的才干，是他领导罗马小组的"孩子们"利用慢中子轰击所有的元素，从而拉开应用原子核能量的大幕。

罗马小组的几位物理学家在欧洲物理学界崭露头角，受到一些顶尖级物理学家们的重视。我们知道，泡利的一张嘴是最刻薄、最不留情的，但是他也开始称赞费米了，称费米为"量子工程师"。这一群年轻有为的物理学家们紧张地盯着物理学最前沿，随时准备为意大利曾经辉煌的物理学再添光彩。

到了 20 世纪 30 年代前后时机已经成熟，罗马小组开始向物理学边疆上的新阵地——核物理学进攻。1934 年 2 月，约里奥-居里夫妇用 α 粒子轰击轻元素发现了人工放射性（1935 年他们夫妇二人为此获得诺贝尔化学奖）。在罗马的费米刚从阿尔卑斯山滑雪回来不久，他看到了约里奥-居里夫人发现人工放射性的文章，感到十分震惊。震惊之后，费米立刻想到用中子代替 α 粒子作炮弹的优点。塞格雷在自传中回忆道：

在另一个领域中酝酿出了重大事件。伊伦娜和弗里德里希·约里奥-居里宣布发现了人工放射性，我们深为震惊。他们用 α 粒子轰击轻元素，生成了普通元素的放射性同位素，其衰变方式是发射正电子。费米立刻想到用中子作炮弹的优点。尽管已知中子源发射中子的数量显著少于已知 α 粒子源发射的 α 粒子的数量，但中子命中核靶的机会要远远大于 α 粒子，所以在弥补数量上不利的因素后还绰绰有余。原因在于 α 粒子受到原子核正电荷的排斥作用，不能穿透原子核。而另一方面，中子很容易穿透原子核。

美国著名科学家拉比（Isidor I. Rabi，1898—1988）对用中子做炮弹的优点讲得更清楚："由于中子不带电荷，因而没有强的电斥力阻止它进入核内。实际上将原子核聚合在一起的引力可能会将中子拉入核内。当中子一旦进入原子核，其后果和月球撞上地球一样，具有灾变性。"

这儿引用两段指出用中子做炮弹轰击原子核的优点的话，是有一些原因的。因为，用中子做炮弹的优点并非显而易见的，有些物理学家还认为费米用中子做炮弹是在干蠢事。例如奥地利裔英国物理学家奥托·弗里希（Otto Frish，1904—1979）在他的回忆录《我的点滴回忆》（*What Little I Remember*）中写道：

1934 年是物理学上值得纪念的一年。人工放射性发现了，它吹响了嘹亮的号角。我们中的许多人包括我自己，都跳上了这辆漂亮的车。几周内，一个到过意大利的人在伦敦告诉我，费米不准备和我们一样用 α 粒子而是用中子去轰击各种元素。因为中子非常稀少，你必须浪费成千上万的 α 粒子去轰击铍才能产生一个中子。用这么昂贵的炮弹意味着什么？

这的确让人们迷惑不解，因此弗里希又说："我记得我当时的看法，这也可能是很多其他人的看法，认为费米的实验实在是一种很愚蠢的实验。"

费米虽然颇有战略眼光，但当他 1934 年 3 月开始利用中子轰击原子核以诱发人工放射性时，他被意外的失利惊呆了，还差一点动摇了开始的决心。

开始费米一个人工作，他想利用中子来轰击［即"辐照"（irradiate）］元素周期表上所有能弄到手的元素。他从最轻的元素开始，先辐射水（水中有氢和氧），然后辐射锂、铍、硼、碳，但都没有像约里奥-居里夫妇那样使它们产生放射性。他的妻子劳拉(Laura Fermi)在回忆录《原子在我家中》(*Atoms in The Family*)中详细描述了当时的情形：

他是一个讲究方法的人，不随随便便从轰击任何物质着手，而是按次序进行，从最轻的氢元素开始，然后按元素周期表的顺序进行。氢没有出现预期的结果……，下一步就用锂试验，又没出现；继续辐射铍，然后是锂、硼、碳、氮。但都没出现反应。恩里科动摇了、丧气了，几乎到了要放弃他的研究的地步；但是他的顽强性使他拒绝屈服，他要再试验一种元素。他已经知道氧是不会变成放射性的，因为他第一次辐射的就是水，因此他就辐射氟……

在辐射氟时费米成功了！他用中子辐射几分钟氟化钙后，立即放到盖革计数器①附近，计数器在开始一小段时间里跳动加快，然后很快降了下来；大约在 10 秒钟内减少到一半。接着，他又辐射铝，这是约里奥-居里夫妇发现人工放射性的元素，现在费米用中子辐射也得到了约里奥-居里夫妇发现的放射性，但他测到的半衰期是 12 分钟，这与约里奥-居里夫妇测定的不同。

这些成功使费米决定用中子去轰击所有的元素，并立即请塞格雷和阿马尔迪加入到他的研究中来。人手还不够，他又立即发电报给拉赛蒂，通报了他们的实验发现，劝他赶快回来："伟大的事业开始了，不回来你会后悔的。"

罗马小组的几员干将现在都集中到了罗马大学物理系实验楼。他们知道伟大的发现随时会降临到他们的实验室。这时还有其他强大的竞争对手也参与这一竞争，因此他们的实验工作必须高速进行。塞格雷曾激动地回忆当时的情形：

---

① 盖革计数器(Geiger counter)是一种专门探测电离辐射(α 粒子、β 粒子、γ 射线和 X 射线)强度的记数仪器。

　　研究工作进展迅速。我觉得，我们的小组就像一支训练有素的管弦乐队，通过费米的指挥，演奏出超一流的美妙音乐。我们都超常发挥了，每个人的成就都超出了任何一人单干时的最大成就。整体当然大于部分之和，即便有一个部分是费米。

　　因为受过辐射的物质要用盖革计数器检验其放射性，而中子发射源又会对盖格计数器造成干扰，为了消除这种干扰，只好把辐射物质的房间和计数器所在的房间隔开，分别在二楼一条长走廊的两头。如果某元素产生的放射性半衰期很长（即寿命很长），那倒不慌，辐射后可以从容地从走廊这一头送到另一头去检验；但是，如果某元素辐射后的放射性寿命很短，不到一分钟，这些年轻的教授们就得以最快的速度，拿着辐射的物质飞速跑到走廊的另一端，以便及时得到检验。费米常常吹嘘自己的腿虽然很短，但摆动频率却很快，因而速度仍然惊人。于是大家推选他来完成跑完走廊送检验样品的任务。

　　有一次，一位西班牙科学家来找"费米阁下"（费米被封为"贵族"），恰好在一楼碰到塞格雷，塞格雷随口回答："啊，教皇在二楼。"

　　客人不知塞格雷说什么，一脸惶惑。塞格雷连忙补充说："当然，我指的正是费米。"

　　西班牙客人上了二楼，恰好这时有两个都穿着肮脏外衣的人，手里拿着什么东西发疯似地从他面前冲过去。客人看见其中一个人腿很短，跑得却非常快。后来西班牙客人才惊讶地得知，那个短腿奔跑健将就是他要找的"费米阁下"。

　　经过两个月紧张的实验，他们终于要辐射元素周期表上最后一个元素，即 92 号元素铀了。已经进行的实验使他们得出了如下初步的结论：

　　当中子辐射轻元素时，轻元素一般放出一个质子或一个 α 粒子而嬗变为更轻的元素；但是重元素被中子辐射后，不会像轻元素那样因嬗变而变轻；相反，重元素将捕获中子而变得更重一点。具体过程是重元素捕获了一个中子以后,这重了一点的元素就成为该元素的一种同位素;这种同位素不稳定,经过一定时间会放出 β 射线而衰变成一种原子序数高一个数字的元素。

例如,45 号元素铑 $_{45}^{100}$Rh,原子序数 45,原了量 103,这说明它的原子核里有 45 个质子和 58 个中子(103－45＝58);当它受到中子辐射时,吸收了一个中子,成为 $_{45}^{104}$Rh,这时它的原子序数仍然没变,还是 45;但原子量增加到 104,成了铑的一种同位素。但这个同位素极不稳定,它迅即放射出一个 β 粒子(快速电子 e_{-1}),使一个中子(n_0^1)变成了质子(p_1^1),

$$n_0^1 \quad \rightarrow \quad p_1^1 \quad + \quad e_{-1}$$
$$\text{(中子)} \qquad \text{(质子)} \qquad \text{(电子)}$$

于是成了原子序数高一位的 46 号元素钯,即 $_{46}^{104}$Pd,$_{46}^{104}$Pd 是稳定的,反应到此结束。

当费米他们开始用中子辐射铀 238 时,他们当然会激动地想到:周期表上最后一个元素铀 92 受到中子辐射以后,会不会也像 $_{45}^{103}$Rh 那样,先吸收一个中子成为铀的同位素 $_{92}^{239}$U,然后它放出一个 β 粒子,成为 $_{93}^{239}$X 呢? 如果可以,那他们就人工制造出一个原子序数为 93 的"超铀元素" $_{93}^{239}$X 了!

这将是多么震撼人心的发现呀,那整个世界将会因为他们的发现而惊讶和震撼! 柯比诺盼望已久的振兴意大利科学的宏愿也将由此实现!

费米怀着激动的心情开始用中子辐射铀 92,小组所有的成员和柯比诺的心情无比紧张:大自然会温顺地献出她的奥秘吗?

结果似乎很理想,中子的确被吸收了,所生成的同位素也果然放出了 β 粒子,93 号元素似乎由此顺利的诞生了。但是,大自然是非常狡猾的,它常常用一层幕纱遮住她的奥秘,让科学家一时看不透这层秘密。在这关键的时刻,他们的实验出现了一种新的情况使其变得十分复杂:在放射时产生了四种不同能量的 β 粒子,而不是以前的一种 β 粒子。这就是说产生了不止一种的新元素！

5 月 10 日的实验报告中说："效果强烈，产生了几种不同半衰期放射性物质：一种是 1 分钟左右，一种是 13 分钟左右，还有尚未确切测定的更长的半衰期。"

一分钟半衰期过短，难以对相应的放射性物质进行研究，因此费米集中力量研究对应半衰期为 13 分钟的那种物质。到 6 月份，费米认为他的实验已经可以说明他发现了超铀元素，不过一贯谨慎认真的他，在给《自然》杂志的文章中措词仍然十分小心：

很多证据显示，这种 13 分钟活性物质……的原子序数有可能大于 92。

可是柯比诺却等不及了，他认为费米太谨慎。他的政治热情大于科学精神，他毫不怀疑超铀元素已经被费米发现了。因此，在 6 月 4 日有国王出席的林赛科学院会议上，柯比诺公开宣称：

我认为我可以做出结论说：制成超铀元素已经得到了肯定。

柯比诺的讲话使费米很不自在，因为这一讲话立即引起了全世界的轰动，而意大利报纸趁机大肆宣扬"法西斯主义在科学领域的胜利"。一家小报甚至说，费米将一小瓶 93 号元素献给了意大利王后。国外报纸也争先恐后刊登了大号标题的专栏文章。

费米虽然也急切地盼望成功，但他是一位非常严谨的科学家，他不愿意鲁莽和轻率。因此在他的坚持下，柯比诺最终只得同意由他们两个共同向报界作了简短的声明，大意是说根据以前的实验得到的结论，制成 93 号元素是有可能的，但在得到最终确证之前应特别强调：

尚须完成无数精密的实验。……无论如何，这一研究的主要目的并不是要制成一种新元素，而是要研究一种普遍现象。

后来，大多数物理学家和化学家都认为费米制出的的确是93号元素，尤其是当德国的两位放射性化学的权威迈特纳（Lise Meitner，1878—1968）和哈恩（Otto Hahn，1879—1968，1944年获得诺贝尔化学奖）"证实"了以后，谨慎的费米也就不再怀疑自己的确制造出了"超铀元素"。

反对的意见不是没有，遗憾的是费米和整个科学界忽视了这一宝贵的反对意见。反对的意见来自德国的一位年轻的女化学家伊达·诺达克（Eda Noddack，1896—1978）。她在1934年9月的德国《应用化学杂志》上，一针见血地批评了费米小组的实验和结论。她指出，费米等人采用排除其他元素可能性的方法来反证新的放射性是超铀元素，这种做法是不充分的；她还具体指出，化学分析的正确做法是"将新放射性元素与所有已知元素进行比较"，而不是像费米小组做的那样仅仅只比较了从铀以下到铅为止的几个元素（镤91、钍90、锕89、镭88、铋83、铅83、钫87和氡86）。应该说，在当时疯狂寻找超铀的激情中，她是唯一的一个能客观冷静抓住费米实验中的关键问题所在的人。更令后人叹绝的是她还大胆地设想了一种"全新核反应"的图景，即铀这种重核在中子轰击下将"分裂成几个大碎片"："在用中子轰击重核时，所研究的核分裂成几个大块的碎片似乎是可能的；而且毫无疑问，这些碎片应该是已知元素的同位素，但不是被辐射元素的相邻元素。"

如果费米小组认真听取了她的意见，他们就会在1934—1935年发现核裂变，而不会让哈恩在1938—1939年去发现。可惜当时费米小组拒绝听取伊达·诺达克中肯的意见。费米后来谈到这件极大的憾事时说：

我们当时没有足够的想象力来设想，铀能够发生一种与任何其他元素都不一样的转变过程。况且,我们没有足够的化学知识去一个一个地分离铀的转变产物。

费米的遗憾自然是无法弥补的,不过我们也不能说他完全失败了。其实 93 号元素后来被证明确实是产生了,只是中子轰击铀后情形比想象得复杂得多,以至于在 1934 年及以后几年中无法确证,直到 1940 年才由美国化学家麦克米伦(E. M. Mc-Millan,1907—1991,1951 年获诺贝尔化学奖)和艾贝尔森(P. H. Abelson)用中子轰击铀后,分离出了 93 号元素。与费米预期的一点也不差,原子序数为 92 的铀 238 果然吸收了一个中子,变成铀239,然后辐射出一个 β 粒子就变成了 93 号这个超铀元素。这个超铀元素称为镎(Neptunium)。

给费米在实验中造成困难的是:铀元素中通常含有三种同位素,即铀 234、235 和 238,产生核裂变的是铀 235,而铀 238 在受中子轰击后并不会发生核裂变。铀 238 是完全按照费米预期的那样进行反应,只是他万万没有料到铀 235 竟然发生了当时只有伊达·诺达克想到的核裂变。

这充分说明一个很浅显的道理:任何伟大的科学家都会犯错误。

获得诺贝尔物理学奖

当希特勒就任德国总理以后,德国开始大规模迫害犹太人,而德国恰好有许多重要的科学家是犹太人,如物理学家爱因斯坦、玻恩、弗兰克,化学家哈伯……,他们都是德国现代科学的带头人。但是在希特勒上台以后,他们被迫先后移民到欧洲或者美国,逃避纳粹疯狂的迫害。

1933 年,费米在意大利还是很安全的,他还用不着像爱因斯坦那样离开祖国、寄人篱下,那时他还正受到意大利政府的重用并寄以期望。但到 1938 年情形大不相同了。希特勒这年 5 月初访问了意人利,结果意大利的法西斯主义和纳粹德国结成了同盟,狼狈为奸,沆瀣一气。意大利的"领袖"墨索里尼在 1938 年夏天,突然发动了一场让意大利人毫无准备的反犹太主义运动,7 月 14 日公布了《种族宣言》,还出版了《保卫种族》杂志,9 月初又通过了反犹太主义法。这一切说明意大利政府已经失去了理智。

在这以前的几年里,费米就已经洞察到欧洲将从此不会太平,多次向劳拉提出离开意大利迁移到美国去,但劳拉不同意。虽然她父亲是犹太人,但还在海军服役,而且罗马的生活一直还很愉快,并没有受到威胁的感受。到了 1938 年,她父亲突然被毫无道理地免去现役军官的职务,政府已明令禁止意大利人与犹太人通婚;还有,政府对女人的发型作了统一的规定,白领公职人员要穿统一制服……。于是,劳拉接受了费米的意见,决定尽可能快地离开意大利。

恰好在这时费米得知他将获得 1938 年的诺贝尔物理学奖。费米觉得这简直是天赐良机,因为意大利政府规定,每个离开意大利的人随身只能携带 50 元美金。如果他得到 1938 年的诺贝尔奖,那么他就可以和家人一起去斯德哥尔摩市领取奖金,然后直接由那儿去美国。这样,到了美国的生活就不会陷入困境。真是上帝保佑!

1938 年 12 月 6 日,费米夫妇带着女儿内拉(Nella)和儿子朱利奥(Giulio)离开了罗马。1938 年 12 月 10 日,费米与美国女作家赛珍珠坐在音乐厅演奏台的中央,接受了珍贵的诺贝尔奖。

1939 年 1 月 2 日清晨,费米一家四口人乘坐的"法兰克尼亚号"抵达了纽约港。当自由女神像呈现在他们面前时,费米微笑说:"我们将创立费米家族的美国支系。"

　　离开罗马的不仅是费米，拉赛蒂、塞格雷也先后到了美国，留在罗马的只有阿马尔迪。一个颇有希望振兴意大利科学的罗马小组，就这样在法西斯政权的迫害下分崩离析。柯比诺的梦想没有变成现实。

　　后来爱因斯坦、费米等流亡到美国的欧洲科学家，成了原子弹研制的强大推动力和骨干。没有这批人，原子弹至少不会在1945 年 8 月正式投入战争。

主持第一个原子核反应堆运转

　　在"二战"期间，由于很多欧洲移民科学家的建议，美国开始研制原子弹，这个研制工程的代号是"曼哈顿计划"（Manhattan Project）。用什么办法生产足够的核材料是"曼哈顿计划"中首要的关键问题，分离铀的同位素得到铀 235 是一条路子，在核反应堆中生产钚 239 也是考虑中的方案之一。当时谁也没有把握说哪条道路肯定走得通，或者哪条路的速度最快，因此各种可能性都要尝试。

　　1942 年以前，费米和其他几个小组利用氧化铀和工业纯的石墨组成的反应堆，得出中子在铀反应堆中的"增殖系数"小于1，这就是说不可能实现自己维持下去的（自持）核链式反应。但科学家们并没有因此而失望，费米和康普顿（Arthur Compton，1892—1962,1927 年获得诺贝尔物理学奖）认为，如果改用金属铀和纯度更高的石墨，减少杂质对中子的吸收，增殖系数可能性大于 1.1，从而一方面可以实现自持式核链式反应，而且另一方面还可能利用铀 235 的链式反应产生的多余中子把铀 238 转化为钚 239。

　　美国物理学家和领导人物康普顿深知这一实验的重大意

义,于是决定把全国研究核链式反应的小组都集中起来,打一场突击建成核反应堆的战役。当时要解决的一个难题是在什么地方做这个实验?因为这是人类第一次做这种原子核有关的实验,谁也无法预料会不会出现什么巨大灾难性的事件。他们起初决定在离芝加哥大学不远处的一个叫阿贡森林的地方做这一实验。于是开始两头准备,一头是由军队在阿贡建立一个新的实验室,另一头则由费米和安德森(H. Anderson,1914—1988)负责在芝加哥大学金属实验室做准备工作。

但到了1942年11月,费米对康普顿说:"我相信我们可以很安全地在芝加哥这个地方做链式反应的实验。"康普顿接受了费米的建议。费米和其他参加者在芝加哥大学斯塔格运动场看台底下的一个网球场,用60吨金属铀,58吨氧化铀和400吨石墨堆起了一个新的实验反应堆。

反应堆从1942年11月16日星期一的早晨开始动工。费米把人分为两组,每班12小时地轮流干。到12月1日星期二的晚上反应堆建造成功。

第二天早晨,即决定命运的1942年12月2日的凌晨,费米踩着嘎吱嘎吱响的稍带蓝色的雪,来到西看台,和津恩(W. Zinn)等人讨论了当天实验的安排。反应堆的形状像一个扁圆的南瓜,左右最长处为7.6米左右,上下最高的高度为6.1米左右。

8点钟左右,实验组的成员都来到了网球场上。网球场北端有一个看台,离地约4米高,费米和维格纳等25到30个人和一些仪器占据了这个看台。因为天很冷,大家都穿着大衣,戴着帽子、围巾和手套,嘴里呼出的都是阵阵白气。看台正下方网球场地就是反应堆,反应堆有3组用镉棒制成的"控制棒",因为金属镉有一特性,它专门"吞食"中子。反应堆里插入一些镉棒,调整镉棒插入的深浅就可控制中子的数量,从而达到控制铀裂变反应的强弱:镉棒多插入几根和每根插深一点,反应减弱,甚至停止反应;反之,则反应加快。

一个叫韦尔（G. Weil）的小伙子负责手工控制棒，他可以将棒抽出插进，做启动、控制和停止反应堆的运作。另外还有两组控制棒，是为了防止意外而设置的。

因为这种核反应是前无古人的实验，与以前任何实验都不相同，而且任何小小的意外，都会造成预料不到的、可怕的灾难性后果。为了防止任何意外，又有 3 个小伙子站在反应堆上面的平台上，他们的任务是如果所有镉控制棒都失灵，出现了意外，他们就把准备好了的镉盐溶液从上面泼到反应堆上。他们 3 人戏称自己为"自杀小组"。

大约在上午过了一半的时候，每一组都演习了一下实验中担任的角色，在场的所有人格外严肃、静穆，甚至有点悲壮地瞧着看台上站着的费米。

9:45，费米庄严地宣布："现在，我们马上要抽出镉棒，链式反应就将自动进行，仪器会告诉我们反应的强弱。韦尔，开始抽出控制棒！"

韦尔慢慢把镉棒往外抽。……仪器显示核分裂反应开始。站在看台上的人眼睛都紧张地盯在仪器上。

11:25，镉棒又往外抽了一次，现在大约有 7 英尺镉棒在外面了。大家十分紧张地瞧着这堆黑黝黝的怪物，它的外观上没有一丝一毫的反应。外行人看到这帮人的样子一定会认为他们神经不正常。只有他们知道，稍不小心让这怪物爆炸了，这个房间中所有的人和运动场本身都将瞬间自行融化，连"灰飞烟灭"的机会都没有！为了放松一下过分紧张的神经，费米突然宣布："肚子饿了，吃了午饭再接着干。"

这时是 11:35。镉棒被推进去锁起来。

下午 2 点整，全体成员回到网球场，康普顿也来了。费米指示韦尔把镉棒抽到午饭前最后的那个位置上。2:20，实验继续进行。

3:25，费米观察了一下仪器，又计算了一下，然后告诉韦尔："把控制棒抽出 12 英寸。"然后转身对康普顿说："快成功了，链式反应马上会开始了。"

这时在场有 42 人，都紧张得不敢喘大气，瞪眼盯着费米。但费米脸上毫无表情，他飞快地观察了一个又一个仪表，然后一丝欣慰的笑容在他脸上展开。大家这才轻轻地松了一口气。费米把计算尺装进口袋，安静而又愉快地宣布：

"反应堆已经达到临界反应。我们还要让它运转一段时间。"

在场的人没有一个怀疑费米的结论。人类第一次原子核自持式链式反应，就在这群人的轻松心情中平稳地运行了 28 分钟。

仪器显示一切正常：中子的增殖系数达到了 1.0006；中子强度正以每两分钟翻一番的速度增加着，如果在 1.5 小时内不进行控制的话，这种增长速度将把中子强度推到 100 万瓩。不过在这之前，灾难早就会出现了！

3:53，费米下令："好，把控制棒插进去！"

反应立即停止下来，仪表又都安静地指向了零。费米在0.5瓦的情况下让反应堆运行了 4.5 分钟，为多年来的争论、实验、期盼、恐惧……带来了一个满意的结果：人类终于从难于驾驭的原子核那儿得到了有希望加以运用的能量。

自持式的链式核反应不再是梦想！

康普顿先告辞了。他回到办公室立即给上一层领导康南特（James B. Conant）挂了电话。康普顿使用的是暗语："吉姆，那位意大利航海家刚才已经登上了新大陆。地球并不像他所估计的那么大，因此他到达新大陆比原来期望得早。"

康南特激动地问："当地居民对他友好吗？"

"非常友好，大家都安全登陆，而且很快乐。"

网球场上只剩下两个人：匈牙利裔美国物理学家西拉德（Leo Szillard，1898—1964）和费米。西拉德曾经梦想原子能也许会把人类带进浩罕的宇宙，但现实却告诉他，在实现这一幻想之前，原子能只会为人类带来可怕的破坏和毁灭。穿上大衣而

显得圆乎乎的西拉德表情严肃地走向费米,同费米握手,说:
"今天这个日子将在人类历史上作为一个黑暗的日子而传
下去。"

　　这以后不久,费米就来到新墨西哥州一个偏僻的地方,与很
多优秀的科学家一起参加研制原子弹的"曼哈顿计划",他是这
个工程的领导成员之一。

优秀的物理学教师

　　第二次世界大战结束之后,费米立即回到大学任教,他不喜
欢在军事部门长期工作。他来到当时蒸蒸日上的芝加哥大学物
理系任教。在这儿,他再次培养了一大批优秀的物理学家,其中
包括杨振宁、李政道、盖尔曼(Murray Gell-Mann)等人。费米一
直钟情于物理教学,在培养物理学家的过程中给他带来巨大的
愉快和享受。杨振宁曾谈到费米讲课(当然也是著作)的特点:

　　众所周知,费米的讲课非常明白易懂。他的特点是,每个题
目都从头讲起,举简单的例子并且尽可能避免"形式化"(他常常
开玩笑说,复杂的形式主义留给"主教们"去搞吧)。他推理简
明,给人的印象是得来全不费功夫。但这种印象是错误的,他的
简明是精心准备、反复推敲、权衡各种不同描述方式的利弊之后
才得到的。1949 年春天,当费米正在讲授"核物理"课程时[后
来由奥里尔(J. Orear)、罗森菲尔德(A. H. Rosenfeld)和斯克鲁
特(R. Schluter)整理成书出版],因为有事要离开芝加哥几天,
他让我代他讲授一堂课并把一本小笔记本交给我,上面写满了
他为每一节课认真准备的每一个细节。行前他和我一道将全部
内容讨论了一遍,解释每一个讲法后面的推理过程。

费米习惯于每周对很少的几个研究生做一两次非正式的不经准备的晚间讲演。大家聚集在他的办公室，然后由他或某位同学提出一个专题。接着费米查阅他的那些做了详尽索引的笔记本，找出关于该专题的笔记，随后给我们讲解。……这些讨论维持在初级水准，总是侧重于论题的本质与实用；所采取的方法通常不是分析性的，而是直观和几何的。

这么多年来，费米一直就物理学的各个不同科目……做着详细的笔记，这一事实本身对我们大家就是重要的一课。我们懂得了，那就是物理。我们懂得了，物理不应该是专家的学科，物理应该从平地垒起，一块砖一块砖地砌，一层一层地加高。我们懂得了，抽象化应在具体的基础工作之后，而绝非在它之前。……

除了正式和非正式的课程以外，费米还将他的午餐时间几乎全部献给了研究生（起码在 1950 年之前是这样）。午餐时进行的谈话很自然地涉及各种题材。我们发现，费米有几分保守，喜欢独立思考。我们注意到，他讨厌任何形式的做作。关于我们的研究工作，他有时会给一些概括性的忠告。我记得，他曾经强调，一个年轻人应该将他的大部分时间用于解决简单的实际问题，而不应专一处理深奥的根本问题。

费米非常重视编写教材，除了编写讲义以外，他在癌症晚期、医生告诉他你只能活"几个月"的时候，还对看望他的学生杨振宁和盖尔曼说，他想从医院回家以后编完一本原子核物理学教材。杨振宁在回忆文章里写道：

1954 年秋天，费米病危。那时在哥伦比亚大学的盖尔曼和我到芝加哥比灵斯（Billings）医院探望他。我们走进病房时，他正在读一本描写凭着坚强意志战胜厄运和巨大自然障碍的真实故事集。他很瘦，但只略显哀愁。他很镇静地告诉我们他的病情。医生对他说，几天之内即可回家，但没有几个月可以活了。说完他让我们看放在床边的一个笔记本，告诉我们那是他关于核物理的笔记。他计划出院后利用剩下来的两个月时间将它修改出版。盖尔曼和我被他的坚毅精神和对物理学的热诚所感动，有好一会我们不敢正眼看他（我们探望后不出三周，费米就去世了）。

费米就是这样一位热爱教学的老师。

《费米讲演录》这本书是费米在 1954 年初去世前不到一年的时间里讲授的。看完前面对费米一生简略的介绍，在学习他写的《费米讲演录》一书时，我个人有以下几点看法：

1. 费米推理简明，给人的印象是得来全不费功夫；所有的问题经过费米处理之后，都变得非常清楚，似乎每一个中学生都可以懂。但是我们要明白，他的简明是在其精心准备、反复推敲、权衡各种不同描述方式的利弊之后才得到的。因此在学习他的著作时，我们应该仔细体会费米精心写下的所有文字，而不只关注公式和结论；否则就会"捡了芝麻丢了西瓜"，没有领略到费米的风格。

2. 物理学应该从平地垒起，一块砖一块砖地砌，一层一层地加高；抽象化应在具体的基础工作之后，而绝非在它之前。因此塞格雷在这本书的"美国版前言"里写道：

费米在他生活的最后十年到十五年里，难得通读一两本物理专著。但他仍站在科学的前沿。他直接从研究人员那里了解情况，自己加以改造。实际上他编写这个提纲时，可能除了少数几点以外，并没有参考过量子力学的各种教科书。如果在这个提纲里，还有一些个别的地方很接近某些标准的处理方法，那么，我们应该认为，这是费米通过自己独立思考用自己的方法来得到传统的叙述方法的。

费米是热心于教学工作的。所以，我们希望出版这本对其他大学生也有益处的书……

我们如果能够辨别出哪些地方是他精心准备才写出的，那我们就会深刻理解他良苦的用心和深入实际的风格，而理解这些比只得到一些知识更为重要，更有助于形成自己的认识。

3. 抛弃任何形式的做作，应该侧重于解决简单的实际问题，而不应专一处理深奥的根本问题。

这是费米对他的学生一再强调的。这本书几乎每一节都可以明显看出费米一直在贯彻"侧重于解决简单的实际问题"的大方针。有一些同类著作，作者总是喜欢加进一些深奥的、形式化的内容显示教材的深度，这恰恰是费米最厌恶的。

杨振宁在 1986 年的"谈谈物理学研究和教学"一文中特别强调：不少学生在学习中有一种错觉，以为学习物理就是一些演算。的确，演算是物理学的一部分，但不是最重要的部分，物理学最重要的部分是与现象有关的，大部分物理学是从现象中来的，现象是物理学的根源。形式化的东西不可能出物理。

4. 不仅仅是学生而且包括物理学教师，在学习这本教材的时候，应该仔细领略费米的这种教学的风格，认真品尝费米的科学"品味"。大学生在早期就学会领略科学大师的科学品味，实际上是一种更重要的学习和锻炼。杨振宁在 1982 年一次采访中专门谈到"科学人才的志趣和风格"，杨振宁写道：

一个人在刚接触到物理学的时候，他所接触到的方向及其思考的方法，与他自己过去训练和他的个性结合在一起，会造成一种英文叫 taste，这对他将来的工作或有十分重要的影响。……taste 有人把它译为品位，这不见得是最正确的翻译。……品位确实非常重要。

杨振宁认为，如果一个学生吸收了很多物理学知识，但是没有发展成为一种品位，这个学生的未来就不容乐观。费米的这本教材对于我们来说具有双重价值：知识和品位。这是我们万万不可忽视的。

美国版前言

· Foreword ·

　　我们一生中极其保密的那段时期，是从我们搬到芝加哥时开始的。恩里科每天早上步行去上班。不是去物理楼，也不单是去"实验室"，而是去"冶实"，即冶金实验室。在那里样样事情都是绝密的。只告诉过我一个秘密：冶金实验室里一位冶金学家都没有。即使是这样一条消息，也是不准泄漏的。事实上，我的话讲得越少越好；我与在"冶实"工作的那个小组之外的人见得越少，就越明智。

——劳拉·费米①

---

　　① 费米夫人。——编辑注

恩里科·费米不止一次地讲授量子力学。早在薛定谔的文章在《物理学年鉴》刚刚发表时,费米对他的学生们在非正式的课堂讨论中就分析研究过它的内容。后来,部分地为了教学目的,费米又用大家比较习惯的方式讲解了狄拉克的几篇文章。随着时间的流逝,他的理论论述和教程变得更加有系统。毫无疑问,在罗马大学、哥伦比亚大学和芝加哥大学的学生那里,应该保存有一定数量的费米的讲授笔记。

1954年初,在他过早逝世前不到一年的时间里,在芝加哥大学,费米又讲授了量子力学。这次他本人亲自为听众准备提纲,在复印机上复制提纲中的重要条文,每次上课前发给学生。

由于费米的朋友们和他的学生们的建议,我们决定以平装本出版这个提纲,可让更广泛的学生获取教益,而不仅局限于曾经亲聆受教者。

我们希望,新一代年轻的物理学家——他们从未与费米直接接触,而只知道费米是当代为数不多的伟大科学家之一——都乐于有一本由这位大师亲自撰写的量子力学这门很重要的课程提纲。

叙述了这一提纲的由来之后,不言而喻的是,绝不能把这些提纲看成费米对于量子力学的最后见解,如同他能够在一本更为精心考虑的书中所写的那样。只提一些量子力学的缔造者:海森伯、泡利、狄拉克、德布罗意、约尔丹等,他们在自己享有盛誉的著作里,对于这一理论都有各自的论述。费米的提纲当然不能和这些著作简单相比,因为从撰写精神和要达到的目的来说,本提纲同这些著作都是根本不同的。

费米在他生活的最后十年到十五年里,难得通读一两本物理专著。但他仍站在科学的前沿。他直接从研究人员那里了解

◀ 费米与友人在比萨斜塔前合影

情况,自己加以改造。实际上他编写这个提纲时,可能除了少数几点以外,并没有参考过量子力学的各种教科书。如果在这个提纲里,还有一些个别的地方很接近某些标准的处理方法,那么,我们应该认为,这是费米对问题通过自己独立思考用自己的方法来得到传统的叙述方法。

我们再一次说明,这个提纲仅是为讲课准备的。至于把它传播到教学班以外,作者本人并无这种意图。但是,我们知道,费米是热心于教学工作的。所以,我们希望,出版这本对其他大学生也有益处的提纲,不会违背对恩里科·费米的纪念。

塞格雷

伯克利,加利福尼亚,1960 年 1 月

罗吉庭 译

第一部分　关于链式反应堆的演讲[①]

· *Part* I *Lecture on Chain Reactor* ·

> 众所周知，费米的讲课非常明白易懂。他的特点是，每个题目都从头讲起，举简单的例子并且尽可能避免"形式化"（他常常开玩笑说，复杂的形式主义留给"主教们"去搞吧）。他推理简明，给人的印象是得来全不费功夫。但这种印象是错误的，他的简明是精心准备、反复推敲、权衡各种不同描述方式的利弊之后才得到的。
>
> ——杨振宁

①　1945 年 11 月 16 日到 17 日，费城美国哲学学会和美国科学院就原子能和它的应用举行了一个联合会议。这篇文章（*FP* 223）是 11 月 17 日费米在会上做的报告。其他报告人有：史密斯（H. D. Smyth）、尤利、维格纳（E. P. Wigner）、惠勒（J. A. Wheeler），讲述科学方面的问题；奥本海默（Robert Oppenheimer）谈原子武器；斯通（R. S. Stone）谈健康保护；威利兹（J. H. Willitz）、费勒（J. Viner）和康普顿（A. H. Compton）谈社会、国际和人文主义方面的问题；肖特威尔（J. T. Shotwell）和兰穆尔（I. Langmuir）谈工业能源问题。

本文经允许转载自 *Proc. Am. Phil. Soc* . 90（1946）：20—24.

很多年以来人们就知道在原子核里储存有大量的能量,而且它的释放与能量守恒定律或任何其他已被人们接受了的基本物理学定律相矛盾。虽然这是被认识到的事实,但直到最近物理学家们一般都认为如果没有发现某些新现象之前,大规模释放核能是不可能的。

这种多少有些否定的态度的起因是:在原则上有两种核能释放的过程可以考虑。当两个核接近时,由于不同的核相互作用自动发生能量的产生。在很多可能的例子中最简单的例子也许是普通的氢。当两个氢核相互接近时就可能自动反应生成一个氘核,同时释放出一个电子。在这种过程中每一次反应释放的能量是 1.4MeV,相当于每克 $1.6 \times 10^{10}\,\text{cal}(1\text{cal} = 4.1868\text{J})$ 的热量,或者说相当于等量煤燃烧时释放能量的 200 万倍。氢为什么不是核炸药的理由是:在一般条件下两个氢绝对不会相互接近,这是因为两个核都带有正电而相互排斥。在理论上没有理由不让两个核走到一起;实际上在高温和高压下都可以让它们走到一起来。但是所需要的温度和压力都超过一般方法都达到的极限。实际上温度高到以使核反应可以觉察速率进行,在恒星内部,特别是太阳,是十分普遍的;这些反应一般被认为是恒星辐射出的能量的主要来源。

第二个释放核能的可能模式是链式反应。大部分核蜕变粒子都会放射(粒子、质子或中子,由此产生各自新的反应。由此我们可以设想这种可能性:第一个反应发生时由此反应产生的粒子可能具有足够的放射性活度,平均大于一个类似的反应。当这种情形发生时,每一"代"加入反应的核的数目增加,一直到这个过程使原来材料的相当一部分"燃烧"起来。这种链式反应是否产生决定于上一个过程发射的粒子而引起的新过程的数量是否大于或小于 1。这个数量称为"再现因子"（reproduction factor）。

在 1939 年发现核裂变以前，所有已知的过程再现因子都远远地小于 1。核裂变过程开辟了一条新路。几乎在核裂变发现一宣布，人们就立即开始讨论一种可能性：当两个裂变中产生的碎片分离时，它们可能被激发得有如此之高的能量使得中子可能从它们内部"蒸发"出去。这个猜想迅即被大西洋两岸的实验观测所证实。

1939 年春天，人们普遍知道由一个单个的中子与一个铀原子碰撞所引起的一次裂变，能够产生多于 1 个的新中子，可能是 2 个或 3 个，这时，许多物理学家认为以铀裂变为基础的链式反应的可能性值得探索。

与此同时，人们在审视这种可能性时既觉得给人们带来希望，又给人们带来巨大的担心。早在 1939 年，人们就意识到一场毁灭性战争正在逼近。人们有理由担心，如果这种新的科学发现首先被纳粹应用于实际就会给军事上带来巨大的潜在的危险。那时没有任何人能够预见到努力所必不可少的规模，也没有人知道这项工作那么艰巨。我们的文明之所以能够继续，很可能是由于发展原子弹所需要的工业力量，在战争时期除了美国都没有这种能力。那时的政治局势对科学家的行为有一种奇怪的影响。与他们的传统相反，他们自动建立了一种检查制度，在政府认识到其重要性和保密成为命令式以前很久，他们就把裂变方面的研究看成是机密的。

上述研究的继续进行，导致链式反应的研究进展，我想说明的是，1939 年年底在已有的信息的基础上，有两条路线值得跟踪。一条路线是先从普通的铀中分离出稀有的同位素^{235}U，只有它才能发生慢中子铀的核裂变。因为分离后消除了丰富的同位素^{238}U 对中子的寄生吸收（parasitic absorption），可以很容易发生链式反应了。实际的困难当然是大规模获得同位素分离。

第二条路线是，我建议利用天然铀。同一种专门产生链式反应的方法收集这种材料,当然比收集^{235}U要棘手得多。的确,初始分裂产生的中子在使用时必须非常小心,尽管因为^{238}U的寄生吸收会使中子减少,但它必须保持正的剩余。必须非常小心地在中子有用的和寄生及吸收之间保持有利的平衡。既然两种吸收的比率依赖于中子的能量,简洁地说,这个比率在低能时大一些,于是可以采取措施从一开始就降低中子的能量,降到1兆电子伏,这一能量大致是热骚动时的能量。达到这一目的一个简单过程以前就已经知道了。它基于一个明显的事实,即当一个快中子碰上一个原子而且反跳回来时,它会丧失一些能量并变为原子的反冲能。对轻原子来说这个效应比较大,因为它很容易反冲,而中子与氢相撞时可以得最大能量,但对于所有轻元素来说也有可观的效应。

因此,为了降低中子的速度,我们将用某种合适的轻元素物质,把铀包围起来。最明显的选择是选用最轻的元素氢来降低中子的速度,通常用的是氢的化合物形式,如水或石蜡。进一步的研究表明,氢并非最适合的。这是由于氢核有一种明显的趋向,即吸收中子并与之组成重氢核——氘。由于这一原因,当氢用来降低中子的速度时,一种新的寄生吸收出现了,它会将维持链式反应所必需的正剩余的不多中子吃光。

因此,为了降低中子的速度,我们应该考虑其他轻元素。但它们都不如氢那样有效,不过还是希望它们较低的吸收可能超过对缺点的补偿。1939年对许多轻元素的吸收性质,我们了解得很少。仅仅在很少的几种情形下,不确定的上限可以在文献中发现。那时,最可取的选择是重水形式的氘、氦、铍或者石墨形式的碳。

1939—1940年,我们在哥伦比亚大学的小组研究这个问题,这个小组的成员有佩格拉姆、西拉德、H.安德森,我们的结论是石墨是最有希望的物质,开始的时候主要是由于这种物质很容易得到。到1940年的春季,用实验来研究石墨的性质开始于哥伦比亚大学,我们供实验之用的几吨石墨铀是委员会主席布里格斯博士供给的。那时集中力量研究了这个问题，并且都解决了。一个是测定石墨吸收中子的特性，另一个是研究它降低中子速度的效率。研究这两个问题的实验技术是制作一个几英尺厚的石墨立方柱体，将一个小小的由铍和氡组成的中子源放在立方体的轴心。中子源放射的中子在石墨立方柱体中散射，中子速度逐渐降低到热骚动的能量。此后它们继续散射，直到它们或被吸收或散射出柱体之外。整个柱体内中子在空间的分布和它的能量分布，用对各种能量中子敏感的探测器绘制出来，其结果符合一个散射过程的数学理论。这些研究的结果使我们得到一种数学的计算方法，它可以相当精确地反映一个中子的生命过程，即从它被作为一个快中子发射出来的那一瞬间，到它最终被吸收的那一瞬间的整个经历。

与此同时，另一个是要确定中子被天然铀发射出来以后，当一个热中子被铀吸收一个后还剩下来的中子数。既然相当一部分被铀吸收的热中子是被^{238}U俘获，并且不会引起核分裂，因此这个剩余量就被证明很小，十分关键的是，这就尽可能地避免了寄生(parasitic losses)，并由此以一个正盈余结束，而这又使得链式反应成为可能。一个简单妙诀就是允许在中子正在降低速度时，大大减少寄生损失的发生。不把铀放在均匀的石墨当中，更好的方法是把铀制成块状，再按照某种适当的晶格位形(lattice configuration)放在石墨之中。这种办法使中子在它的速度降低到其能量特别易于寄生时，不大可能碰上铀。

在研究出这种方法的效率时，由于哥伦比亚小组与普林斯顿小组的合作，大大加强了哥伦比亚小组的研究力量。1941年春季，这些过程详细的数据已足够为我们呈现一个相当清晰的图像，了解各种因素的重要意义，也知道用最好的办法尽量减少不利的因素。

原则上我们可以精确地测量各种能量中子，以及所有与之作用的原子吸收和散射特性，在一个这种过程的数学理论中利用这些结果，就可以精确地预言一个给定系统的行为是否为链式反应。这个方案的实际可行性似乎没有太大的希望。我们现在知道，在石墨-铀系统中使链式反应成为可能的正剩余量，只有百分之几的可能。因为很多因素对吸收和生产中子的最终结果都起了作用，所以十分清楚的是，为了使一个预言成为可能就必须非常精确地知道每一个这样的因素。到1941年，测量方法的进展还很难使核性质测量的精确程度达到10％，因此也不可能给出一个计算的基础，使我们确切地回答天然铀和石墨是否能够进行链式反应。

任何有确定尺寸的系统，总有些电子因扩散而逃出系统的表面。原则上说，由逃逸而损失的中子可以用增加系统尺寸的办法消除。在1941年，人们清楚的是可以维持链式反应的中子数平衡，即使是正的，由于它如此之小，要想消除中子逃逸而带来的大部分损失，系统的尽寸必须非常大。为了设计可行的方法，回答下面两个问题是十分紧要的：(1) 一个按给定晶格将铀块分布在整个石墨中的系统，其尺寸是不是无限地大；(2) 假定前一个问题的答案是有确定的尺寸，那么达到链式反应所需的最小尺寸是多大？这最小尺寸通常称为反应堆的临界尺寸。如前所说，既然由测量值详细计算常数的方法不可靠，所以我们必须设计另外的方法，以便由它更直接地得到所需要的答案。

有一个蠢办法可以达到这个目的，那就是按给定结构建筑一个系统，然后不断扩大这个系统，直到链式反应开始发生，或者即使把系统做得非常巨大却仍然不发生链式反应。这个办法显然会耗费巨量的材料和劳动。幸运的是，在研究中利用相对较小的结构样品，对上述两个问题可能得到相当准确的答案。第一个这种类型的实验，在1941年夏秋在哥伦比亚大学开始。该实验建立了一个晶格般的框架结构，使一些装有铀的氧化物的金属罐子，分布在30吨石墨之中。最初的中子源插入这些物质的底部，对中子在整个物质的分布作了详尽的研究，并将它与理论的预期作比较。

第一次实验的结果让人有些沮丧，因为它告诉我们，这样结构的一个系统即使尺寸做得无限大，中子仍然是负平衡，更精确一点说，每一代中子要损失 13％。尽管结果是否定的，但我们并没有因此而放弃希望。的确，对第一个结构作了很大的改进之后，可以期望百分比降低。

1942 年早期，研究产生链式反应的小组与芝加哥大学的冶金实验合并，由康普顿任总领导。1942 年，在改进第一个实验结果的努力中，在芝加哥做了 20 个或 30 个指数实验。两个不同类型的改进提醒了我们。第一个是，对晶格的尺寸有了更好的判断，另一个是使用更好的材料。在铀和石墨中清除杂质，使其达到很高的纯度，在铀和石墨中的一般杂质会引起寄生吸收，这一吸收要为中子的损失负相当一部分的责任。这个问题的解决，使组织大规模的、纯度达到前所未有的石墨和铀的生产（以吨计）成为可能。同时，也开始积极关注金属铀的生产。到 1941 年为止，铀金属仅仅生产很小的数量，而且其纯度常常出现问题。生产的大部分铀金属都是极易自燃的粉末形式，它们在很多情形下与空气一接触就自动燃烧。这些自燃的特性仅仅是在把这些粉烧结成致密块状时才有所减少。这些烧结的块状有些用于指数实验中，以获得有关含有金属铀的系统的特性；在实验进行过程中，块状铀迅速燃烧，使我们触摸时感到烫手，于是我们担心在我们实验完成之前它们已经燃烧殆尽。

到 1942 年秋天，材料的生产情况逐渐得到改善。经过冶金实验室成员和几个工业公司的联合努力，生产的石墨越来越好。已经可以工业生产几乎全纯的铀的氧化物，而且少量成型的铀金属也生产出来了。指数实验的结果相应得到改进，由此得到的结果表明，利用这些比较好的材料可以建成链式反应的装置。

第一个链式反应装置的实际兴建开始于 1942 年 10 月。它计划建成一个巨大球形晶格结构，由木架支撑。这个球形物建在芝加哥大学校园的网球场上。由于我们对计划中的尺寸是否足够大还有一些疑惑，所以这个球形物建在外面罩一个巨大的由纤维材料制成的气球里，在需要时可抽出封闭气球内的空气，以避免大气中氮的寄生吸收。这种过分的小心后来被证明是不必要的。

用了一个月多一点的时间，这个设置就建好了。一大群物理学家，其中有津恩（W. H. Zinn）、安德森（H. L. Anderson）和威尔逊（V. C. Wilson），加入了建造行列。这时，链式反应的条件的研究就日复一日地开始了，主要是测量反应堆里中子密度的增强。有些中子在铀中极小量地自动产生。当系统达到临界尺寸时，这些中子的每一个在最终被吸收之前，在几代的时间里积累起来，数量增多。当反应堆的再生产因子，比如说，达到99％，平均在100代中积累起来一个中子。结果，当接近临界尺寸时，中子的密度在整个系统中不断增加，而在到临界尺寸时中子又开始逸出。利用观察中子密度上升，我们可以获得一种可靠的方法导出临界尺寸。

在将要达到系统原计划的临界尺寸之前，系统内部中子密度的测量指出，将很快达到临界尺寸。为了避免由于疏忽大意而在没有注意时达到临界尺寸，反应堆的狭槽里插入长长的镉棒。镉是一种吸收中子最强烈的金属，当这些镉棒插入反应堆里的时候，它们吸收中子强烈可以使人们确信这时链式反应不可能发生。每天早晨，镉棒慢慢地、一个接一个地从反应堆里抽出来，从测量出的中子密度就可以估计我们离临界条件还有多远。

1942年12月2日早晨，一切数据表明反应堆已经非常接近临界条件了，系统没有发生临界反应仅仅是因为镉棒的吸收。全部镉棒抽出来了，只剩下一条镉棒还在小心地往外抽；后来，最后一条镉棒也逐渐抽出来了，大家心情紧张地望着镉棒和各种仪表。测量表明，只要把最后一条镉棒向外抽2.4m，系统就可以到达临界状态。事实上，当镉棒抽出2.1m的时候，中子密度升到很高的一个值，但过了几分钟以后又稳定在一个固定水平上。当命令再向外抽0.5m的时候，下达命令的人心情相当紧张，还夹杂着一丝惊恐。这样，镉棒都抽出来了，中子密度开始缓慢增加,但有一个增加的比率,一直增加到明显有中子逃逸。然后,将镉棒再插入反应堆里,中子密度迅速降低到看不出来的水平上。

这种模式的链式装置被证明十分容易控制。其反应的强度可以非常准确地调节到任何所希望的水平上。所有的操作人员要做的事就是观察指示反应强度的仪器和移动镉棒,强度有上升趋势时把棒插入,强度有下降趋势时就把棒抽出。操纵一个反应堆非常容易,就像驾驶卡车沿一条笔直的路上行驶一样容易,当卡车向左或右偏移时,你只需操纵方向盘就行了。只需几个小时的练习,就可以容易地将反应强度保持在 1% 这样一个很低的恒定水平上。

第一个反应堆没有建造将反应堆产生的热散开的装置,也没有提供任何防护装置以吸收核裂变产生的辐射。由于这些原因,这个反应堆只能在很低的功率状态下(不超过 200 W)运转。但这个反应堆证明了两点:一是由石墨和铀构成的系统可以产生链式反应;二是这种反应很容易控制。

把上述研究转化为工业应用,还需要在科学和工程上做巨大的改进,还需要新的技术。通过冶金计划全体人员和杜邦公司的联合努力,仅仅用了距首次反应堆实验性运转不到两年时间,一个基本上根据相同原理建造的大工厂投入了生产,它是杜邦公司在汉福德建造的,可以产生巨大的能量和相对来说大量的新元素钚。

第二部分　在哥伦比亚大学的演讲[①]

· Part Ⅱ　Lecture at Columbia University ·

　　1995 年 10 月，李政道在接受北京电视台主持人采访时被问道："由于您卓越的成就而使您拥有全球范围内的崇拜者，那您最崇拜的人是谁呢？"

　　李政道回答说："在科学上是爱因斯坦和费米，费米是我的博士生导师，曾发明核反应堆。"

---

　　①　本文是费米所做的最后一次报告。1954 年 1 月 30 日星期日上午，在哥伦比亚大学麦克米兰剧院（McMillan Theater），费米向美国物理学会做了非正式的、没有文字记录的报告。他在前一天做了学会主席退职的报告。现在大家看的报告是根据录音记录的，未经任何编辑与加工。费米对他的印刷品非常苛求，这篇非正式的文稿一定会引起费米的不满。然而对于了解费米以及听过他的演讲的人来说，这篇非正式的记录稿可以使我们重温他的声音。

　　本文是 1954 年物理学会年会上费米讲话中关于哥伦比亚大学的片断。

主席先生，佩格拉姆校长，其他工作人员，女士们，先生们：

在哥伦比亚大学 200 周年校庆之际，我们都会很自然地回忆起这所大学在早期实验和筹备原子能研究中起的关键作用。

我很幸运，至少能在这一研究进展的初期协助普平实验室（Pupin Laboratories）工作。在意大利，我遇到了一些困难，我将永远感谢哥伦比亚大学在最适宜的时期为我在物理系提供一个职位。此外，正如我所说的，这使我得到了一个非常珍贵的机会，使我亲自经历将要提到的一系列事件。

事实上，在初来的第一个月，即 1939 年 1 月所发生的事我仍然记得很清楚。一开始我就在普平实验室工作，因为事情进展得很快。那一时期，玻尔在普林斯顿大学作了一个报告。我记得有一天下午，威里斯·兰姆（Willis Lamb）从他那里回来，非常兴奋地说起玻尔泄露出一条爆炸性的新闻，这就是核裂变的发现。大家都知道，这是哈恩与斯特拉斯曼（Fritz Strassmann）的研究成果，而其初期的解释则来自迈特纳与弗里什（Otto Frisch），那时他们两人在瑞典。

接着，就在这个月的后期，在华盛顿的卡内基研究所（Carnegie Institute）召开了一次会，我与哥伦比亚大学的几个人都参加了。在会上第一次非正式地讨论了新发现的裂变现象及它可能具有的重要性，还不大认真地猜测它有可能成为发电的能源，这只是一种猜测。如果裂变可以将核的结构彻底搞乱，有一些中子蒸发就不见得不可能。如果有些中子被蒸发了，那它们就有可能不止一个。比如说，为了便于讨论，蒸发了两个。果真如此，那每一个可能会引起裂变，那人们当然会想到链式反应机器的制造。

这就是那次所讨论的内容之一。此外，会议还对释放核能

◀夫斯将军为费米颁发奖章

可能性掀起了一股小小的兴奋浪潮。这时,包括普平实验室在内的许多实验室,都像患了热症那样,竞相开始这一课题的实验研究。我记得就在我离开华盛顿的时候,接到了邓宁的电报,说他已经完成了一项实验,在实验中发现了核裂变的碎片。同时在美国大约有 6 个地方实现了同一个实验,在欧洲也有三四个实验室获得了同样的成果。事实上以前我几乎没有想到会这样。

就这样,在哥伦比亚开始了漫长而又艰巨的工作,目的是要进一步证实过去提出过的有关发射中子的模糊设想,并试图确定在裂变发生时,是否真有中子放射出来;如果有,到底有多少。事情很明显,在这种反应中,中子的数目极为重要,因为多一点点或少一点点,就有可能使情况完全不同,也就是链式反应是否可能实现。

在哥伦比亚,这一研究分成两组进行,一组是津恩和西拉德(Leo Szilard),另一组是安德森和我,我们用不同的方法独立进行研究,当然也没有中止过联系,不断地向对方报告自己的成果。与此同时,在法国以约里奥和哈尔班(Hans von Halban)为首的一个研究小组也做着相同的工作。这 3 个小组得到了同一个结论——我认为约里奥可能比我们哥伦比亚早几周——这就是,尽管定量的测量还非常不确定和不十分可靠,但是可以完全肯定有中子辐射,而且相当丰富。

与这一研究相关的是,保密习惯像瘟疫一样首先在我们当中传播开了。也许与人们的一般信念相反,保密习惯没有在大众之间蔓延,也没有在保安部门的工作人员之间蔓延,却在我们物理学工作者之间蔓延开了。对物理学工作者来说,这是一个相当怪诞的观念,对这种观念负主要责任的应是西拉德。

我不知道在座的当中有多少人认识西拉德,但一定有很多人认识他,他是一个特别的人、特别聪明和才华横溢的人(笑声),我认为这是一个毫不过分的说法(笑声)。看起来,至少给我这样的印象是他很喜欢做出令人惊异的事。

令许多物理学家吃惊的是,西拉德提议,鉴于当时(1939 年初）战争已经迫近的形势，指出原子能的危险性，原子武器有可能成为纳粹征服世界的主要武器，因而物理学工作者有责任改变那种把有意义的成果尽快刊登在《物理评论》或者其他杂志的传统。西拉德认为，应该先把结果保留下来，弄清楚这些结果有潜在的危险呢，还是有潜在的好处，然后再考虑发表的事情。

西拉德向许多人谈了这些想法，说服他们去参加一个什么组织——我不知道是否应该称它为保密协会。无论如何，应该联合在一起，在一个相当有限的范围内，私下里传播出这些信息，而不去公开发表。他把这种想法也电告给约里奥，但是他没有从约里奥那里得到满意的反应，而且约里奥还发表了自己的研究结果，这些结果与当时已经发表的结果多少有一些相近。因此，在裂变中，中子以一定的丰度被发射出来，其数量级可能是 1 个、2 个或 3 个，这已经是众所周知的事了。到那时，对大多数物理学家来说完成链式反应的可能性已经不成问题了。

在哥伦比亚，由玻尔与惠勒提议进行了一项更重要的研究，这就是核裂变的理论依据问题。铀有两个同位素，即大丰度的铀 238 与小丰度的铀 235。在自然条件下，铀是两种同位素的混合。铀 235 占有 0.7%。大部分热中子裂变由它来完成。应当讨论清楚的是，在铀 238 中有偶数个中子，在铀 235 中有奇数个中子，按玻尔与惠勒对结合能的说法，似乎铀 235 更容易裂变。

很显然，最重要的是实验事实。这项课题由在哥伦比亚大学的邓宁和布思（Eugene T. Booth）以及尼尔（Alfred O. Nier）联合研究。尼尔负责质谱分析仪，以期得到微量的但尽可能多的铀 235，而邓宁及布思则利用这些微量的铀 235，研究是否它在裂变中具有比普通铀还大的截面。

现在已经是众所周知的事，即这个实验证实了玻尔和惠勒的理论预言，这说明任何试图建造一个发展核能的机器，其关键是要有铀 235，因为那时的认识没有现在这样明确。

制造一座链式反应堆的最基本条件是，每一次裂变中是否都能产生一定数量的中子，而这些中子之中又有哪些能再次引起裂变。如果一个普通的裂变反应都能产生一个以上的后续裂变，反应就能持续进行，否则将会终止。

如果选取纯同位素铀235，中子的损失必然很小，只要裂变中每次都能产生一个多余的中子，堆起足够的铀就足以使铀235发生持续的裂变反应。但是，如果每克铀235掺杂140克铀238时，竞争将会激烈起来，因为这种燃料的惰性（ballast）会随时准备抢走裂变中产生的并不富裕的中子。因此，必须从更加丰富的铀238中离析出同位素铀235。

现在，我们的实验室中，都或多或少地有一些同位素，如铁56、铀235或铀238，虽然它们不像一般化学元素那样普遍，但只要对橡树岭实验室施加一点压力，也并不难找到（笑声）。然而在那时，离析出同位素几乎是一件不敢想象的事。氘是一个例外，在那时就已经可以得到氘了。在两种同位素中，氢1和氢2的质量比为1与2之比，这个比值较大，但是铀的两个同位素质量比为235比238，其差异刚刚超过百分之一。由于差异如此之小，所以离析出大量的铀235不是一件轻而易举的事。

在早期，即1939年年底，原子能工程面临两个问题急待解决。首先是需要离析大量的（比如几千克或几十千克甚至上百千克）铀235。谁也不确切知道到底该有多少，只知道一个大概的数量级。在那时要分离出这么多的铀235，简直是不可思议，而且还要用这种同位素来实现链式反应，完全排除数量更大的铀238！另一个学术观点认为，也许应该把希望寄托在还需要更多的中子上。必须构思出更为精巧的设计方案，不分离同位素而使链式反应更有效地发生。解决这些问题恐怕超出了当时人们的能力。

我个人已经与中子打了多年的交道，特别是慢中子，所以我与第二小组利用没有经过分离的铀，尽全力进行研究。在早期，开始研究如何分裂铀同位素的有邓宁、布思，他们与尤利教授有密切的联系；与此同时，西拉德、津恩、安德森和我进行了另一个方向的工作，做了大量的测试。

直到现在我也没能充分意识到，当时的测试条件为什么那么差。现在我却注意到，我目前做的 π 介子物理测量条件也非常差劲，可能是我们不会玩弄诡计。当然，我们那时拥有的设备的功能比现在差多了。现在的实验中的中子源是核反应堆，比当时应用的镭-铍源或回旋加速器简便得多。

我们很快就得出结论，为了充分利用天然铀，我们必须应用慢中子，所以必须有减速剂。开始使用水，后来很快就废弃不用了，因为它把中子减速得太快，吸收中子也很厉害。后来想到了石墨，它的减速作用比水差，吸收中子的性能小一些，因此更加合适。

到了 1939 年的秋天，当时爱因斯坦给罗斯福总统写了一封著名的信，谈到了当时物理学的状况，他向总统说明了这种情况意味着什么、酝酿着什么问题，他认为政府有义务关心和帮助物理学的发展。事实上，几个月之后，这种帮助的资金达到了6000 美元，用这笔钱我们购买了以当时胃口还不甚大的物理学家看来相当多的一大批石墨（笑声）。

就这样，在普平实验大楼的物理学家们，像煤矿工人那样干了起来（笑声）。在晚上，当这些物理学家拖着疲惫的身体回家时，他们的妻子简直不知道发生了什么事。只有我们知道，那只不过是因为空气充满了烟尘罢了（笑声）。

在那些日子里，我们试图研究石墨的吸收特性，唯恐这种材料不那么理想，我们制作了一个石墨柱体，它大约有 1.2 米粗、3米高。它是这样的大，我们可以爬到它的顶上去，而且必须爬到它的上面去。无论如何，对我来说是第一次爬到我的设备上去，因为我不很高而这个设备却太高了（笑声）。

我们把中子源放在了石墨的底部，研究这些中子是如何减速的，然后又如何在石墨中扩散的。当然，如果石墨的吸收能力很强，它们不可能扩散得很高。实验证明，这种吸收实际上很小，中子很轻易地扩散到石墨柱体的上端。进行了详细的数据分析之后，我们得到了石墨柱体的吸收截面，这是利用石墨和天然铀有无可能完成链式反应的关键测量。

我不准备详述当时的实验细节。这种情况又持续了数年。我们的紧张工作往往连续几小时、几天甚至几个星期。在当时，普林斯顿大学的工作也很紧张。在那里的维格纳（Eugene Wigner）、克雷伊茨（Edward Creutz）和鲍伯·威尔逊（Bob Wilson）一起在做着某些测量，而这些测量项目当时哥伦比亚大学还没有条件进行。

随着时间的推移，我们开始明确哪些测量是必须的，哪些测量又是必须十分精确的。我们用"η""f"和"p"3 个字母表示三种量，我在这儿不准备讲它们的定义，但在测量中，这三个量必须首先确定，以鉴别哪种测量是可以完成的，哪种又是不可能完成的。事实上我们也许可以说，这 3 个量的乘积必须大于 1，我们后来知道，最好的乘积是 1.1.

如果把 3 个量都测出来了，且它们的精确度均为百分之一，3 个量的乘积有可能是例如 1.08±0.03，这个结果表明实验可以继续进行。但是，如果乘积是 0.95±0.03，则说明实验结果并不理想，最好选用其他方法。然而，如我所说，当时中子物理的测量水平是低的，η、f 和 p 的测量精度恐怕分别为加、减 20% 而已（笑声），如果把这种结果按统计规律相加，三个 20% 的误差将会得到 35% 的误差，所以你得到的值是 0.9±0.3，你又能得到什么呢？可能什么也得不到（笑声）。如果你得到的最好的结果是 1.1±0.3——你仍然得不出任何结论，所以，这在当时确实是一件麻烦事。事实上，回过头来看看当时的工作，会发现实验测量数据，比如说 η，它的误差确实有 20%，有时还要更大。有时，实验误差也受物理学工作者气质的影响。一个乐观的物理学工作者，有时会不自觉地想把量测得大一些，而像我这样悲观的物理学工作者却总是想把它们弄得低一些（笑声）。

无论如何，没有人确切地知道该如何做。我们决定想出另外的方法，必须设计另一种实验，必须一次就能测出 3 个量的乘积，这样减少测量次数以使误差下降，使我们能更接近真正的结果。

于是，我们去找佩格拉姆校长，我们认为他是一位可以让这所大学出现奇迹的人。我们向他说，需要一所大房子，当时我们所说的大房子，意思是一间真正的大房子，可他却说俏皮话，说物理学家们是不是连教堂那样大的地方都不满意呢？可我们说，我们认为教堂那样的地方恐怕是再合适也不过了（笑声）。结果他找遍了校园，我们也跟着他一起走，来到了一条黑暗的走廊，在各种各样的热气管道之下，寻找到一个可以完成这个实验的场所。最后，终于在谢尔默霍恩（Schermerhorn）找到了一间大房子，当然它不是教堂，但从大小看完全可以与教堂相比。

在那里，我们开始安装实验设备，规模比以前大多了。事实上，任何人现在看到这个设备恐怕要拿出放大镜，还得走近它才行（笑声）。不过当时的确很大。那是一个大的石墨砖结构，石墨砖里到处放着铁制的立方罐，里面装的是铀的氧化物。

你们也许知道，石墨是黑色的，氧化物也是黑色的，搬运这些东西使人变得很黑。这个工作要求身体很棒，当然，我们应该很棒，我的意思是说，我们在善于动脑子方面很棒（笑声）。于是我们的校长又在环顾四周了。他说，除了用你们这点可怜的力气以外，恐怕还有其他的办法吧，哥伦比亚不是有一个橄榄球队吗（笑声）？那里恐怕起码有一打很结实的小伙子，让他们干上半个钟头，能把这些扛过整个学院，为什么不雇他们呢？

这可真是一个妙主意。指挥这些棒小伙子可真是一件很过瘾的事，他们提起 23 或 45 千克的罐装铀，就像普通人提 1 或 2 公斤东西那样容易，从桶中冒出来的各种颜色的烟，大部分是黑色，黑烟弄得到处是乌烟瘴气，人就像腾云驾雾一样（笑声）。

反应堆是按指数增长，越堆越高。这样说并不奇怪，因为按当时的理论计算，结果中出现了一个指数函数。我们所组建好的实验结构，很便于整体实验。这不像在这以前的那种方式只便于局部细节的测试。当再生指数大于 1 或小于 1 时，可以表示反应堆的反应情况，而不在乎详细的细节。后来测出的是

0.87，比 1 小 0.13，这不行。但是那时我们有一个坚实的出发点，我们必须知道能否把 0.13 压缩得更小，或者，更合乎人意一点。我们有很多事要做，首先装石墨的马口铁桶会不会对实验有影响，铁只能造成有害影响，它能吸收中子，因此必须把它们换走；其次，是所使用材料的纯度，虽然曾做过样品化验，但会不会由于我们这些物理学工作者化学分析的技术不佳而没有发现杂质？因为它们是成批买来的，一定会有杂质（笑声）。后来，我们又找到了在当时最标准的纯石墨，可是当时的工厂不可能为防止中子的过吸收而注意特殊的杂质。尽管如此，我们还是取得了可喜的进展，特别是西拉德的贡献。在初期阶段，为组织高纯材料的生产，他做出非常果断的判断并采取了强有力措施。现在，他的工作结果已经发展成一个比西拉德自己更强大的组织，虽然必须有几个强壮的顾客才能与西拉德相比（笑声）。

后来，珍珠港事件发生了。那时我相信在这事件的前几天，对铀的研究已经引起了广泛的关注。在全国几所大学里进行着与哥伦比亚大学类似的工作。为了组织这项研究，政府采取了决定性的措施。当然，珍珠港事件是最终的也是决定性的推动因素。当时政府的高级会议决定，不分离同位素的链式反应研究统一在芝加哥进行。

就在这时，我离开了哥伦比亚，在纽约与芝加哥之间往返数月之后，最后留在芝加哥。从那时起，除了极少数的例外，哥伦比亚的研究集中在原子能计划中的同位素分离方面。

正如我所指出的，这项研究起始于 1940 年布思、邓宁和尤利的研究。1939 年和 1940 年在哥伦比亚大学重新组建大型实验室，是在尤利教授指挥下进行的。那里的研究取得巨大的成果，并很快扩展成大型研究实验室。这个实验室与联合碳化物公司在橡树岭建造了若干分离的工厂，这就是原子能工程的三匹马之一。原子能工程的指挥者们在这三匹马上下了赌注，正如大家所看到的那样，在 1945 年的夏天，它们几乎同时到达了终点。

谢谢大家（热烈鼓掌）。

第三部分　量子力学讲义

· Part III Lectures on Quantum Mechanics ·

　　费米是 20 世纪贡献最大的物理学家之一，同时又是一位优秀的教育工作者。本部分是他于 1954 年在美国芝加哥大学最后一次讲授量子力学时准备的提纲，是珍贵的历史文献。正因为是讲授提纲，我们可以从中直接领略这位杰出的物理大师是怎样组织教材、怎样安排每讲内容的。为使读者可直接感受原作的特色，"品尝"大师的教学"风味"，此部分以影印版形式呈现。尽管量子力学难以理解，但是费米的讲授艺术很高超，这份手稿可以使我们看到这位伟大的科学家是怎样深入浅出、提纲挈领地论述这些内容的。

本部分包含以下内容

1. 光学与力学的类似性
2. 薛定谔方程
3. 最简单的一维问题
4. 线性简谐振子
5. W.K.B方法
6. 球函数
7. 有心力情况
8. 氢原子
9. 波函数的正交性
10. 线性算符
11. 本征函数和本征值
12. 质点的算符
13. 测不准原理
14. 矩阵
15. 厄米矩阵——本征值问题
16. 幺正矩阵和变换
17. 可观测量
18. 角动量
19. 可观测量与时间的关系，海森伯表象
20. 守恒定律和守恒量
21. 定态的微扰理论，里兹方法
22. 简并情况和准简并情况，氢原子的史塔克效应
23. 非定态的微扰理论，玻恩近似
24. 辐射的发射和吸收
25. 泡利自旋理论
26. 有心力场中的电子
27. 反常塞曼效应
28. 动量矩矢量的合成
29. 原子的多重谱线
30. 全同粒子系统
31. 双电子系统(氦原子)
32. 氢分子
33. 碰撞理论
34. 狄拉克自由电子理论
35. 在电磁场中的狄拉克电子
36. 在有心力场中的狄拉克电子，类氢原子
37. 狄拉克旋量变换

Quantum Mechanics

E. Fermi Physics 341
Winter 1954

1-1

1- Optics - Mechanics analogy

Dictionary

Mass point	Wave packet
Trajectory	Ray
Velocity (V)	Group velocity (V)
No simple analog	Phase velocity (v')
Potential function of position $U(x)$	Refractive index (or v') function of position
(1) Energy (W) $\quad W=W(v)$	Frequency (v) (dispersive media $v(v,x)$

First: Trajectory = Ray

$\qquad\qquad\downarrow\qquad\qquad\downarrow$
$\qquad$ from Maupertuis $\quad$ from Fermat

(2) $\qquad \int \sqrt{W-U}\, ds = min$; $\quad \int \dfrac{ds}{v} = min$ $\qquad$ (3)

Proof of Maupertuis:

$$\delta \int \sqrt{W-U}\, ds = \int \left(\sqrt{W-U}\,\delta ds - \frac{\delta U}{2\sqrt{W-U}}\, ds\right) = 0$$

use $\quad \delta ds = \displaystyle\sum \frac{dx}{ds}\delta dx \quad , \quad \delta U = \sum \frac{\partial U}{\partial x}\delta x$

and part. integr. Find minimum equations

$$\frac{d}{ds}\left(\sqrt{W-U}\frac{dx}{ds}\right) = -\frac{1}{2\sqrt{W-U}}\cdot\frac{\partial U}{\partial x}$$

use $\quad V = \sqrt{\frac{2}{m}}\sqrt{W-U} \quad , \quad dt = \frac{ds}{V} = \sqrt{\frac{m}{2}}\,\frac{ds}{\sqrt{W-U}}$

$$\to \quad m\frac{d^2x}{dt^2} = -\frac{\partial U}{\partial x} \qquad \text{Therefore: (2) is true}$$

$\qquad\qquad\qquad\qquad\qquad\qquad\qquad$ because of eq. of motion

Proof of Fermat

$\int \dfrac{ds}{v} = min \to \gamma \int \dfrac{ds}{v} = min \to \int \dfrac{ds}{\lambda} = min \to$ No of waves = min

means: no of waves stationary: hence positive interference.

Phys 341 — 1954

From (1)(2) Trajectory — Ray if

(4) $\quad \dfrac{1}{v(\nu,x)} = f(\nu)\sqrt{W(\nu)-U(x)}$

$f(\nu)$ and $W = W(\nu)$ so far arb. fcts

Determine f & W from:

Vel. of mass pt $V = \sqrt{\dfrac{2}{m}}\sqrt{W-U}$ equals

Group vel. of pckt $V = 1\Big/\dfrac{d}{d\nu}\Big(\dfrac{\nu}{v}\Big)$

Proof of group vel. formula
Wave packett with small frequency spread ~~Wave~~

$$\sum a\cos 2\pi\nu\Big(t - \dfrac{x}{v(\nu)}\Big)$$

If all a's >0 constructive interf at
$x=0$ and $t=0$. Locate now packett for
$t\neq 0$ by demanding constructive interference.
Required $\quad \dfrac{d}{d\nu}\Big\{\nu\Big(t - \dfrac{x}{v(\nu)}\Big)\Big\}=0$

or $\quad t = x\,\dfrac{d}{d\nu}\dfrac{\nu}{v}$ identify this to $t=\dfrac{x}{V}$

Find
(5) $\quad$ ~~$\dfrac{1}{V}=\dfrac{d}{d\nu}\dfrac{\nu}{v}$~~ $\quad\boxed{\dfrac{1}{V} = \dfrac{d}{d\nu}\dfrac{\nu}{v(\nu)}}$

Condition becomes

(6) ~~$\dfrac{d}{dt}$~~ $\dfrac{d}{d\nu}\dfrac{\nu}{v} = \sqrt{\dfrac{m}{2}}\dfrac{1}{\sqrt{W(\nu)-U}}$

Use (4)

$\sqrt{\dfrac{m}{2}}\dfrac{1}{\sqrt{W-U}} = \dfrac{d}{d\nu}\Big\{\nu f\sqrt{W(\nu)-U}\Big\} = \dfrac{d(\nu f)}{d\nu}\sqrt{W-U} +$
$\qquad\qquad\qquad\qquad\qquad\qquad + \dfrac{\nu f}{\nu}\dfrac{dW/d\nu}{\sqrt{W-U}}$

Phys 341 – 1954   1–3

U varies from place to place indep. of ν therefore $\sqrt{W-U}$ is cons. as indep. ~~also~~ Find then conditions:

$$\frac{d(\varphi f)}{d\nu} = 0 \qquad\qquad \sqrt{\frac{m}{2}} = \frac{\nu f}{2}\frac{dW}{d\nu}$$

$$\downarrow$$

$$\nu f = \text{constant}$$

$$\frac{dW}{d\nu} = \text{constant} = h$$

$$W = h\nu + \text{const} = h\nu$$

set this $= 0$ by suitable choice of energy constant

Therefore result

(7) $\boxed{W = h\nu}$

(8) $\boxed{f = \dfrac{\sqrt{2m}}{h\nu}}$

(9) $\quad v = \dfrac{h\nu}{\sqrt{2m}}\,\dfrac{1}{\sqrt{h\nu - U}}\qquad$ determines refractive index and dispersion everywhere

---

Change to angular frequency

(10) $\qquad\qquad \omega = 2\pi\nu \qquad$ also put $\quad \hbar = h/2\pi$

Final result

$$W = \hbar\omega \qquad v = \frac{\hbar\omega}{\sqrt{2m}}\,\frac{1}{\sqrt{\hbar\omega - U}} \qquad V = \sqrt{\tfrac{2}{m}}\sqrt{\hbar\omega - U}$$

(11) $\quad \lambdabar = \dfrac{\lambda}{2\pi} = \dfrac{v}{\omega} = \dfrac{\hbar}{\sqrt{2m}}\,\dfrac{1}{\sqrt{\hbar\omega - U}} = \dfrac{\hbar}{mV} = \dfrac{\hbar}{p}$

(de Broglie wave length)

Experiments on material particle diffraction may be used to determine λ hence h or $\hbar$

$$h = 6.6252\,(5) \times 10^{-27}\ \text{ergs sec}\quad (L^2 M T^{-1})$$

$$\hbar = 1.05444\,(9) \times 10^{-27}\qquad "$$

2 – Schroedinger equation

(1) $\quad v = v(\omega, P) = \dfrac{\hbar \omega}{\sqrt{2m}} \sqrt{\dfrac{1}{\hbar \omega - U}}$

Monochromatic wave equation

$$\nabla^2 \psi - \frac{1}{v^2} \frac{\partial^2 \psi}{\partial t^2} = 0$$

(comments: need to assume fixed ω)

(2) $\quad \psi = u\, e^{-i\omega t} = u\, e^{-\frac{i}{\hbar} W t}$

$$\nabla^2 u + \frac{\omega^2}{v^2} u = 0 \qquad \nabla^2 u + \frac{2m}{\hbar^2}(\hbar\omega - U)\, u = 0$$

write $\quad \omega u \sim -\frac{1}{i} \dfrac{\partial \psi}{\partial t}$

Time dependent Schrodinger equation

(3) $\quad \nabla^2 \psi + \dfrac{2 m i}{\hbar} \dfrac{\partial \psi}{\partial t} - \dfrac{2m}{\hbar^2} U \psi = 0$

Written also as

(4) $\quad i\hbar \dfrac{\partial \psi}{\partial t} = -\dfrac{\hbar^2}{2m} \nabla^2 \psi + U \psi$

(Comments: ψ complex)

Time dep. equation (assuming (2))

(5) $\quad W u = -\dfrac{\hbar}{2m} \dfrac{\partial \psi}{\partial t} + U \psi$

Valid only for states of fixed energy $W = \hbar \omega$

Continuity equation for (4)

Write conjugate equation

(6) $\quad -i\hbar \dfrac{\partial \psi^*}{\partial t} = -\dfrac{\hbar^2}{2m} \nabla^2 \psi^* + U \psi^*$

(4) $\times \psi^* - $ (6) $\times \psi$　yields

(7) $\quad \dfrac{\partial}{\partial t}(\psi^* \psi) + \nabla \cdot \left\{ \dfrac{\hbar}{2mi}(\psi^* \nabla \psi - \psi \nabla \psi^*) \right\}$

Phys 341 – 1954 2-2

Suggested provisional interpretation

(8) $\psi^* \psi = |\psi|^2 =$ density of probability

(9) $\frac{\hbar}{2mi} \left(\psi^* \nabla \psi - \psi \nabla \psi^* \right) =$ average value of flow density

Normalization : (8) suggests to determine ψ such that

(10) $\int |\psi|^2 d\tau = \int \psi^* \psi \, d\tau = 1$

This requires certain conditions

a) Near singular pt ψ less ∞ than $r^{-3/2}$

b) Limit of infinite distance $\psi \to 0$ faster than $r^{-3/2}$

Exceptions to rule (b) will have to be considered later

Generalizations.

Point on line

(11) $\begin{cases} i\hbar \dfrac{\partial \psi}{\partial t} = -\dfrac{\hbar^2}{2m} \dfrac{\partial^2 \psi}{\partial t^2} + U(x) \psi \\ \text{or} \\ E\, u(x) = -\dfrac{\hbar^2}{2m} \dfrac{d^2 u}{dx^2} + U(x) u \end{cases}$

Rotator with fixed axis

$A =$ mom. of inertia

(12) $\begin{cases} i\hbar \dfrac{\partial \psi}{\partial t} = -\dfrac{\hbar^2}{2A} \dfrac{\partial^2 \psi}{\partial \alpha^2} + U(x) \psi(\alpha, t) \\ \text{or} \\ E\, u(\alpha) = -\dfrac{\hbar^2}{2A} \dfrac{d^2 u}{d\alpha^2} + U(\alpha)\, u(\alpha) \end{cases}$

Point on sphere or dumbell with fixed c. of grav.

(13) $\Lambda \psi = \dfrac{1}{\sin\vartheta} \dfrac{\partial}{\partial\vartheta} \left(\sin\vartheta \dfrac{\partial\psi}{\partial\vartheta} \right) + \dfrac{1}{\sin^2\vartheta} \dfrac{\partial^2\psi}{\partial\varphi^2}$

$$(14) \begin{cases} \Lambda\psi - \dfrac{2A}{\hbar^2} U(\vartheta,\varphi)\psi = -\dfrac{2Ai}{\hbar}\dfrac{\partial\psi}{\partial t} \\[3mm] \Lambda u + \dfrac{2A}{\hbar^2}(E-U)u = 0 \end{cases} \qquad A = \begin{cases} r^2 m \text{ or} \\ \text{mom of} \\ \text{inertia} \end{cases}$$

Several mass points

$$\psi(t, x_1, y_1, z_1, x_2, y_2, z_2, \ldots, x_n, y_n, z_n)$$

$$(15) \begin{cases} i\hbar\dfrac{\partial\psi}{\partial t} = -\dfrac{\hbar^2}{2}\sum_1^n \dfrac{1}{m_j}\nabla_j^2\psi + U\psi \\[3mm] Eu = -\dfrac{\hbar^2}{2}\sum_j \dfrac{1}{m_j}\nabla_j^2 u + Uu \end{cases}$$

General dynamical system

$$(16) \qquad T = \tfrac{1}{2} m_{ik}\dot{q}_i\dot{q}_k \qquad \boxed{\text{Sum over equal indices}}$$

Define

$$m^{ik} m_{il} = \delta_{kl} \qquad\longleftarrow$$

$$(17) \quad D = \det|m_{ik}|$$

$$(18) \quad \nabla^2\psi = \dfrac{1}{\sqrt{D}}\dfrac{\partial}{\partial q_k}\left(\sqrt{D}\, m^{kl}\dfrac{\partial\psi}{\partial q_l}\right)$$

Volume element

$$(19) \qquad d\tau = \sqrt{D}\, dq_1\, dq_2\ldots dq_n$$

Equation

$$(20) \begin{cases} -\dfrac{\hbar^2}{2}\nabla^2\psi + U\psi = i\hbar\dfrac{\partial\psi}{\partial t} \\[3mm] -\dfrac{\hbar^2}{2}\nabla^2 u + Uu = Eu \end{cases}$$

$$m^{il} = \dfrac{\text{minor of } m_{il}}{D}$$

Phys 341 – 1954   3-1

3 - Simple one dimensional problems

Time indep. equation

(1) $$u'' + \frac{2m}{\hbar^2}(E-U)\,u = 0$$

a) Closed line, length a, $U(x) = 0$

(2) $$u \sim e^{\pm i\sqrt{\frac{2mE}{\hbar^2}}\,x}$$

Periodicity condition requires $u \sim e^{\frac{2\pi i}{a}\ell x}$

Therefore ℓ = integer

(3) $$E_\ell = \frac{2\pi^2 \hbar^2}{m a^2}\,\ell^2$$

Comments on quantization of energy

Normalized functions

(4) $$u_\ell = \frac{1}{\sqrt{a}}\, e^{\frac{2\pi i \ell}{a} x}$$

b) Rotator with fixed axis. As above

with $m \rightarrow A$ = mom. of inertia

$$a \rightarrow 2\pi$$
$$x \rightarrow \alpha$$

(5) $$\begin{cases} E_\ell = \dfrac{\hbar^2}{2A}\,\ell^2 \\[2mm] u_\ell = \dfrac{1}{\sqrt{2\pi}}\, e^{i\ell\alpha} \end{cases}$$

c) Boundary condition where $U = \infty$

$U(x)$ Inside wall

∞ $u \sim e^{-\sqrt{\frac{2mU}{\hbar^2}}\,x}$

x (reject e^+ solution because too infinite on right)

At wall $\dfrac{u'}{u} = -\sqrt{\dfrac{2mU}{\hbar^2}} \rightarrow \infty$

(6) Therefore: at wall take $\begin{cases} u = 0 \\ u' \text{ finite} \end{cases}$

d) <u>Point on segment</u> (from $x=0$ to $x=a$)

Potential $=0$ on segment, becomes ∞ at ends

Therefore $\quad u(0) = u(a) = 0$ are boundary conditions

Solution of

$$u'' + \frac{2mE}{\hbar^2} u = 0$$

$$u \sim \frac{\sin}{\cos} \sqrt{\frac{2mE}{\hbar^2}} x \quad \left(\begin{array}{l} \text{because of } u(0)=0 \\ \text{reject cosine} \end{array}\right.$$

$$u \sim \sin \sqrt{\frac{2mE}{\hbar^2}} x \qquad \text{Because of } u(a)=0$$

must be

$$\sqrt{\frac{2mE}{\hbar^2}}\, a = n\pi \qquad (n \text{ integer})$$

Therefore

$$(7) \quad \begin{cases} E_n = \dfrac{\pi^2 \hbar^2}{2a^2 m}\, n^2 \\[3mm] u_n = \sqrt{\dfrac{2}{a}} \sin \dfrac{\pi n x}{a} \end{cases} \quad \text{normalization factor}$$

e) <u>Point on infinite line</u> — Zero potential

$$(8) \quad u'' + \frac{2mE}{\hbar^2} u = 0$$

has solutions

$$(9) \quad e^{\pm i \sqrt{\frac{2mE}{\hbar^2}} x}$$

None of these is <u>normalizable</u> !

Get around difficulty in two ways:

1 — As limit of case a)

$$u_\ell = \frac{1}{\sqrt{a}} e^{\frac{2\pi i \ell}{a} x} \qquad a \to \infty$$

$$E_\ell = \frac{2\pi^2 \hbar^2}{m} \left(\frac{\ell}{a}\right)^2$$

Energy levels are quasi-continuous

No of levels in dE is obtained

$\dfrac{dl}{dE}dE$ from

$$\frac{dE}{dl} = \frac{4\pi^2 \hbar^2}{a^2 m} \qquad l = \frac{2\pi\hbar}{a}\sqrt{\frac{2}{m}}\sqrt{E}$$

No of levels $= \dfrac{2}{dE/dl}\, dE = \dfrac{a}{\pi\hbar}\sqrt{\dfrac{m}{2}}\dfrac{dE}{\sqrt{E}}$

factor 2 because l may be pos or negative

In limit; Continuous spectrum (becomes so for $a \to \infty$)
with all values $E \geq 0$ allowable

Note. Same result could be found by
limit $a \to \infty$ in case d)

Alternate approach: Sharp energy levels do not
exist but wave packets like

$$u_{\delta k} = \int_{k_0 - \frac{\delta k}{2}}^{k_0 + \frac{\delta k}{2}} e^{ikx}dx = \frac{2}{x}\sin\frac{x\delta k}{2}\, e^{ik_0 x}$$

are normalizable for δk very small. They
correspond to almost definite energy.
More on this later with uncertainty
principle

4 – <u>Linear oscillator</u>

(1) $\qquad U = \frac{m}{2}\omega^2 x^2$

Schroedinger eq.

(2) $\qquad u'' + \frac{2m}{\hbar^2}\left(E - \frac{m\omega^2}{2}x^2\right)u = 0$

Put

(3) $\qquad \xi = \sqrt{\frac{m\omega}{\hbar}}\,x \qquad \varepsilon = \frac{2E}{\hbar\omega}$

(4) $\qquad \frac{d^2 u}{d\xi^2} + (\varepsilon - \xi^2)\,u = 0$

(5) $\qquad u = v(\xi)\,e^{-\xi^2/2}$

(6) $\qquad \frac{d^2 v}{d\xi^2} - 2\xi\frac{dv}{d\xi} + (\varepsilon - 1)\,v = 0$

Series exp.

(7) $\qquad v = \sum a_r \xi^r \qquad$ yields

(8) $\qquad a_{r+2} = \frac{2r+1-\varepsilon}{(r+1)(r+2)}\,a_r$

r even and r odd yield two indep. solutions. $v(\infty) \to e^{\xi^2}$ (not allowable) except for

(9) $\qquad \varepsilon = 2n+1$

Then either even or odd solution is a polynomial (Hermite)

(10) $\begin{cases} H_0(\xi) = 1 \quad H_1(\xi) = 2\xi \quad H_2(\xi) = -2 + 4\xi^2 \\ H_3(\xi) = -12\xi + 8\xi^3 \end{cases}$

general expression:

(11) $\qquad H_n(\xi) = (-1)^n e^{\xi^2}\frac{d^n}{d\xi^n}e^{-\xi^2}$

Phys 341 — 1954   4-2

Proof: (5), that is

(12) $\quad H_n'' - 2\xi H_n' + 2n H_n = 0$

is equivalent (11) to

(13) $\quad \left\{ \dfrac{d^{n+2}}{d\xi^{n+2}} + 2\xi \dfrac{d^{n+1}}{d\xi^{n+1}} + (2+2n)\dfrac{d^n}{d\xi^n} \right\} e^{-\xi^2} = 0$

Verify for $n=0$; then by successive derivation for $n=1, 2, \ldots$

Useful properties

(14) $\quad\quad\quad \dfrac{dH_n}{d\xi} = 2n H_{n-1}(\xi)$

(Proof: equivalent to (13) written for $n-1$)

Normalization property:

(15) $\quad\quad \displaystyle\int_{-\infty}^{\infty} H_n^2(\xi)\, e^{-\xi^2} d\xi = \sqrt{\pi}\, 2^n\, n!$

[Proof: By induction — First directly for $n=0$
Then use (11) + (14) to proove induction
property $\quad \displaystyle\int_{-\infty}^{\infty} H_n^2 e^{-\xi^2} d\xi = 2n \int_{-\infty}^{\infty} H_{n-1}^2 e^{-\xi^2} d\xi$]

Integral property

(16) $\quad \displaystyle\int_{-\infty}^{\infty} H_n(x)\, e^{-x^2} e^{ipx} dx = i^m \sqrt{\pi}\, p^m\, e^{-p^2/4}$

[Proof: directly for $n=0$; then by induction with (11)]

Normalized oscillator eigenfunctions

(17) $\quad u_n = \left(\dfrac{m\omega}{\hbar}\right)^{1/4} \dfrac{1}{\sqrt{\sqrt{\pi}\, 2^n n!}}\, H_n(\xi)\, e^{-\xi^2/2} \quad \xi = \sqrt{\dfrac{m\omega}{\hbar}}\, x$

(18) $\quad E_n = \hbar\omega\left(n + \frac{1}{2}\right)$ (Comments)

5 - WKB method

(1) $\quad u'' + \frac{2m}{\hbar^2}(E - U(x)) \, u = 0$

$$g = \frac{2m}{\hbar^2}(E-U) = \frac{m^2 V^2}{\hbar^2}$$

(2) $\quad u'' + g(x) \, u = 0$

$V = $ class. velocity

Assume first $\quad g(x) > 0$

(3) $\quad u = e^{i y(x)}$ into (2)

(4) $\quad y'^2 - i y'' = g \qquad$ First guess:

$$y' \approx \sqrt{g} \qquad \text{then} \qquad \frac{y''}{y'^2} = \frac{g'}{2 g^{3/2}}$$

Therefore: guess is fair approximation when

(5) $\qquad |g'| \ll 2 g^{3/2}$

Put then

(6) $\qquad y' = \sqrt{g} + \varepsilon$

(Neglect ε^2 and ε' or ε'' terms to find)

$$g + 2\varepsilon\sqrt{g} - \frac{i g'}{2\sqrt{g}} = g \quad \longrightarrow \quad \varepsilon = \frac{i g'}{4 g}$$

(7) $\quad y \approx \int\left(\sqrt{g} + \frac{i g'}{4 g}\right) dx = \int \sqrt{g} \, dx + \frac{i}{4} \log g$

(8) $\quad u = e^{i y} \approx \frac{1}{g^{1/4}} e^{i \int \sqrt{g} \, dx}$

Other solutions $\longrightarrow \frac{1}{g^{1/4}} e^{-i \int \sqrt{g} \, dx} \quad$ or real linear combination

(9) $\quad u \sim \frac{1}{g^{1/4}} \sin\left\{\int \sqrt{g} \, dx + const\right\}$

[Note: $|u|^2 \sim \frac{1}{\sqrt{g}} \sim \frac{1}{V} \sim$ time classically spent at location x]

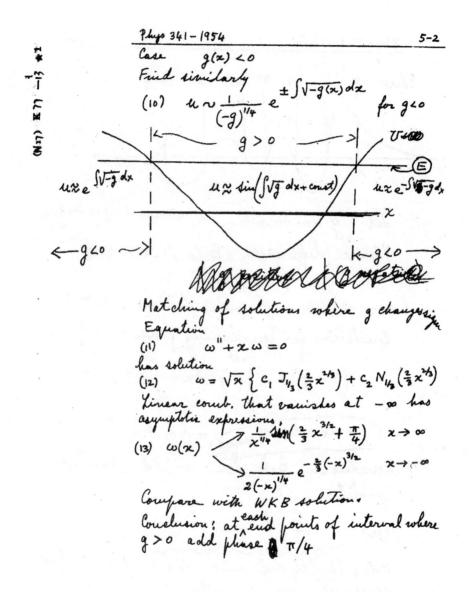

Phys 341 - 1954   5-2

Case $g(x) < 0$

Find similarly

(10) $u \sim \dfrac{1}{(-g)^{1/4}} e^{\pm \int \sqrt{-g(x)}\, dx}$ for $g < 0$

$|\leftarrow \qquad g > 0 \qquad \rightarrow|$ U

$u \approx e^{\int \sqrt{-g}\, dx}$ $u \approx \sin\left(\int \sqrt{g}\, dx + const\right)$ $u \approx e^{-\int \sqrt{-g}\, dx}$

x

$\leftarrow g < 0 \rightarrow|$ $|\leftarrow g < 0 \rightarrow$

Matching of solutions where g changes sign

Equation

(11) $\omega'' + x\,\omega = 0$

has solution

(12) $\omega = \sqrt{x}\left\{ c_1 J_{1/3}\left(\tfrac{2}{3} x^{2/3}\right) + c_2 N_{1/3}\left(\tfrac{2}{3} x^{2/3}\right) \right\}$

Linear comb. that vanishes at $-\infty$ has

asymptotic expressions

(13) $\omega(x)$
$\qquad \nearrow \dfrac{1}{x^{1/4}} \sin\left(\tfrac{2}{3} x^{3/2} + \tfrac{\pi}{4}\right)$ $x \to \infty$

$\qquad \searrow \dfrac{1}{2(-x)^{1/4}} e^{-\tfrac{2}{3}(-x)^{3/2}}$ $x \to -\infty$

Compare with WKB solutions.

Conclusion: at each end points of interval where

$g > 0$ add phase $\pi/4$

Phys 341 - 1954

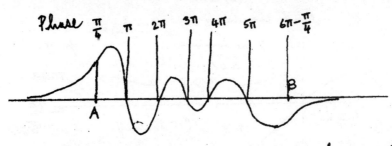

Let $g > 0$ between A, B and $g < 0$ outside AB

Phase difference B to A

$$\left(n + \tfrac{1}{2}\right)\pi$$

n = number of nodes between A & B.

Condition for matching from A to B

$$\left(n + \tfrac{1}{2}\right)\pi = \int_A^B \sqrt{g}\, dx = \int_A^B \frac{mV}{\hbar}\, dx =$$

$$p = mV = \text{classical momentum} = \frac{1}{2\hbar}\oint p\, dx$$

Conclusion, Bohr, Sommerfeld quantization condition

$$(14) \qquad \oint p\, dx = 2\pi\hbar\left(n + \tfrac{1}{2}\right)$$

Note, Slightly different conditions on completely accessible closed path

$$(15) \qquad \oint p\, dx = 2\pi\hbar\, n$$

Or on completely accessible segment bounded by infinitely high potential walls at A and B

$$(16) \qquad \oint p\, dx = 2\pi\hbar\,(n+1)$$

n = no of nodes _inside_ segment

6 – Spherical harmonics

Legendre polinomials

(1) $\quad P_\ell(x) = \dfrac{1}{2^\ell \ell!} \dfrac{d^\ell}{dx^\ell}(x^2-1)^\ell$

(2) $\quad (1-x^2)P_\ell'' - 2x P_\ell' + \ell(\ell+1)P_\ell = 0$

(3) $\quad \displaystyle\int_{-1}^{1} P_\ell^2(x)\,dx = \dfrac{2}{2\ell+1}$

(4) $\quad \displaystyle\int_{-1}^{1} P_\ell(x) P_{\ell'}(x)\,dx = 0 \quad \text{for } \ell \neq \ell'$

(5) $\quad P_\ell = \dfrac{2\ell-1}{\ell} x\, P_{\ell-1} - \dfrac{\ell-1}{\ell} P_{\ell-2}$

(6) $\quad \begin{cases} P_0 = 1 \quad P_1 = x \quad P_2 = \dfrac{3}{2}x^2 - \dfrac{1}{2} \\[2mm] P_3 = \dfrac{5}{2}x^3 - \dfrac{3}{2}x \quad P_4 = \dfrac{35}{8}x^4 - \dfrac{15}{4}x^2 + \dfrac{3}{8} \\[2mm] P_5 = \dfrac{63}{8}x^5 - \dfrac{35}{4}x^3 + \dfrac{15}{8}x \; ; \; P_\ell(1) = 1 \end{cases}$

Alternate definition

(7) $\quad \dfrac{1}{\sqrt{1-2\tau x + \tau^2}} = \displaystyle\sum_{0}^{\infty} P_\ell(x)\,\tau^\ell$

Spherical harmonics:

(8) $\quad \begin{cases} Y_{\ell m}(\vartheta, \varphi) = \dfrac{1}{N_{\ell m}} e^{im\varphi} \sin^{|m|}\vartheta \, \dfrac{d^{|m|} P_\ell(\cos\vartheta)}{d(\cos\vartheta)^{|m|}} \\[3mm] \dfrac{1}{N_{\ell m}} = \pm \dfrac{1}{\sqrt{2\pi}} \sqrt{\dfrac{2\ell+1}{2} \dfrac{(\ell-|m|)!}{(\ell+|m|)!}} \quad \begin{array}{l} \text{for } m \leq 0 \; +\text{sign} \\ \text{for } m > 0 \; (-1)^m \text{sign} \end{array} \end{cases}$

Normalization

(9) $\quad \int_{4\pi} Y_{\ell m}^{*} Y_{\ell' m'} \, d\omega = \delta_{\ell\ell'} \delta_{mm'}$

Diff. equation

(10) $\quad \Lambda Y_{\ell m} + \ell(\ell+1) Y_{\ell m} = 0$

(11) $\quad \Lambda = \dfrac{1}{\sin\vartheta}\dfrac{\partial}{\partial\vartheta}\left(\sin\vartheta\dfrac{\partial}{\partial\vartheta}\right) + \dfrac{1}{\sin^2\vartheta}\dfrac{\partial^2}{\partial\varphi^2}$

(12) $\quad \begin{cases} \nabla^2\left(r^\ell Y_\ell\right) = 0 \\[4pt] \nabla^2\left(r^{-\ell-1} Y_\ell\right) = 0 \quad (\text{except origin}) \end{cases}$

(13) $\nabla^2 = \dfrac{\partial^2}{\partial r^2} + \dfrac{2}{r}\dfrac{\partial}{\partial r} + \dfrac{1}{r^2}\Lambda$

(margin, left:) Development in sph. harm.
$f(\vartheta,\varphi) = \sum c_{\ell m} Y_{\ell m}(\vartheta,\varphi)$
(14) $\quad c_{\ell m} = \int_{4\pi} f Y_{\ell m}^{*} \, d\omega$

$Y_{00} = 1/\sqrt{4\pi} \qquad Y_{10} = \sqrt{\dfrac{3}{4\pi}}\cos\vartheta$

$Y_{1,\pm 1} = \mp\sqrt{\dfrac{3}{8\pi}}\sin\vartheta\, e^{\pm i\varphi}$

$Y_{20} = \sqrt{\dfrac{5}{4\pi}}\left(\dfrac{3}{2}\cos^2\vartheta - \dfrac{1}{2}\right) \qquad Y_{2,\pm 1} = \mp\sqrt{\dfrac{15}{8\pi}}\sin\vartheta\cos\vartheta\, e^{\pm i\varphi}$

$Y_{2,\pm 2} = \dfrac{1}{4}\sqrt{\dfrac{15}{2\pi}}\sin^2\vartheta\, e^{\pm 2i\varphi}$

$Y_{30} = \sqrt{\dfrac{7}{4\pi}}\left(\dfrac{5}{2}\cos^3\vartheta - \dfrac{3}{2}\cos\vartheta\right)$

$Y_{3,\pm 1} = \mp\dfrac{1}{4}\sqrt{\dfrac{21}{4\pi}}\sin\vartheta\left(5\cos^2\vartheta - 1\right)e^{\pm i\varphi}$

$Y_{3,\pm 2} = \dfrac{1}{4}\sqrt{\dfrac{105}{2\pi}}\sin^2\vartheta\cos\vartheta\, e^{\pm 2i\varphi}$

$Y_{3,\pm 3} = \mp\dfrac{1}{4}\sqrt{\dfrac{35}{4\pi}}\sin^3\vartheta\, e^{\pm 3i\varphi}$

Phys 341 – 1954

7 - Central forces

(1) $\quad \nabla^2 u + \frac{2m}{\hbar^2}\left(E - U(r)\right) u = 0$

Polar coordinates

(2) $\quad \frac{\partial^2 u}{\partial r^2} + \frac{2}{r}\frac{\partial u}{\partial r} + \frac{1}{r^2}\Lambda u + \frac{2m}{\hbar^2}\left(E - U(r)\right)u = 0$

Develop $u(r, \vartheta, \varphi)$ in sph. harm.

(3) $\quad u = \sum R_{\ell m}(r)\, Y_{\ell m}(\vartheta, \varphi)$

Use (6-10)

(4) $\quad \sum Y_{\ell m}\left\{ R''_{\ell m} + \frac{2}{r} R'_{\ell m} - \frac{\ell(\ell+1)}{r^2} R_{\ell m} + \frac{2m}{\hbar^2}(E - U) R_{\ell m}\right\} = 0$

Multiply by $Y^*_{\ell m}\, d\omega$ and integrate. Find

(5) $\quad R''_\ell + \frac{2}{r} R'_\ell + \frac{2m}{\hbar^2}\left\{ E - U(r) - \frac{\hbar^2}{2m}\frac{\ell(\ell+1)}{r^2}\right\} R_\ell = 0$

Note: indep. of $\underline{m}$.

Each solution of (5) yields $\underline{2\ell+1}$ solutions of u

Useful transformation

(6) $\quad R_\ell(r) = r\, v_\ell(r)$

(7) $\quad v''_\ell(r) + \frac{2m}{\hbar^2}\left\{ E - U(r) - \frac{\hbar^2}{2m}\frac{\ell(\ell+1)}{r^2}\right\} v_\ell(r) = 0$

$\ell = 0 \quad \ell = 1 \quad \ell = 2 \quad \ell = 3 \quad \ell = 4 \quad \ell = 5 \quad \ell = 6$

$\quad s \qquad p \qquad d \qquad f \qquad g \qquad h \qquad i$

Will prove later that $\sim$ ang momentum $= M$

Two mass points, central forces

$$(8)\qquad \frac{1}{m_1}\nabla_1^2 u + \frac{1}{m_2}\nabla_2^2 u + \frac{2}{\hbar^2}\left(E - U(r)\right)u = 0$$

Change coordinates

$$(9)\qquad \begin{cases} x = x_2 - x_1 & \text{(relative coordinates)} \\ X = \dfrac{m_1 x_1 + m_2 x_2}{m_1 + m_2} & \left(\text{c. of mass coordinates}\right) \end{cases}$$

Also

$$\nabla^2 = \frac{\partial^2}{\partial x^2} + \cdots \qquad \nabla_g^2 = \frac{\partial^2}{\partial X^2} + \cdots$$

$$(10)\qquad \begin{cases} \dfrac{1}{m_1}\nabla_1^2 + \dfrac{1}{m_2}\nabla_2^2 = \dfrac{1}{m_1 + m_2}\nabla_g^2 + \dfrac{1}{m}\nabla^2 \\[2mm] m = \dfrac{m_1 m_2}{m_1 + m_2} = \text{red. mass} \end{cases}$$

(8) becomes:

$$(11)\qquad \frac{1}{m_1 + m_2}\nabla_g^2 u + \frac{1}{m}\nabla^2 u + \frac{2}{\hbar^2}\left(E - U(r)\right)u = 0$$

$$(12)\qquad u(x, X) = \sum_k w_k(x, y, z)\, e^{i\vec{k}\cdot\vec{X}}$$

Substitute and invert Fourier

$$(13)\qquad \nabla^2 w_k + \frac{2m}{\hbar^2}\left(E_{rel} - U(r)\right)w_k = 0$$

$$(14)\qquad E_{rel} = E - \frac{(\hbar k)^2}{2(m_1 + m_2)}$$

energy of c. of mass motion

Conclusion: Separation of relative and
c. of m. motion like in class. mech.!

Phys 341 - 1954   8-1

8-_   hydrogen Atom

(1) $U = -\dfrac{Ze^2}{r}$ (Neglect nuclear motion. m will be reduced mass)

Radial equation (7-7)

(2) $v''(r) + \dfrac{2m}{\hbar^2}\left(E + \dfrac{Ze^2}{r} - \dfrac{\hbar^2}{2m}\dfrac{l(l+1)}{r^2}\right)v(r) = 0$

Put

(3) $\begin{cases} x = 2r/r_0 \qquad r_0 = \sqrt{\dfrac{\hbar^2}{2m|E|}} \\[3mm] A = \dfrac{Ze^2}{2 r_0 |E|} = \sqrt{\dfrac{m Z^2 e^4}{2 \hbar^2 |E|}} \end{cases}$

(4) $\dfrac{d^2 v}{dx^2} + \left(\underbrace{\pm\dfrac{1}{4} + \dfrac{A}{x} - \dfrac{l(l+1)}{x^2}}_{g(x)}\right) v = 0$ $\begin{cases} + \text{ for } E > 0 \\ - \text{ for } E < 0 \end{cases}$

Graphical discussion

$g(x)$ $v \to e^{-\frac{1}{2}x}$ and not $e^{+\frac{1}{2}x}$

$g(x)$ $g(x)$ $v \to \dfrac{\sin}{\text{or } \cos}\left(\dfrac{x}{2}\right)$

E < 0   E > 0

therefore: adjustment required. Only discreet values of E allowable

no condition needed at $x \to \infty$
All $E > 0$ allowable

Assume $E < 0$ — Case of discreet e. values.

(5) $\dfrac{d^2 v}{dx^2} + \left(-\dfrac{1}{4} + \dfrac{A}{x} - \dfrac{l(l+1)}{x^2}\right) v = 0$

(6) $v(x) = e^{-x/2} y(x)$

(7)
$$y'' - y' + \left(\frac{A}{x} - \frac{\ell(\ell+1)}{x^2}\right) y = 0$$

$$y(x \to 0) = \begin{cases} x^{\ell+1} \\ x^{-\ell} \end{cases} \text{or}$$

$y \to x^{-\ell}$ corresp. to $u \sim r^{-\ell-1}$. Normalization divergent at origin for $\ell \geq 1$. Therefore reject. For $\ell = 0$ also reject because $u \sim 1/r$ and $\nabla^2 \frac{1}{r} = -4\pi \delta(\vec{r})$ But no such singularity in potential!

Therefore acceptable solution

(8)
$$y(x) = x^{\ell+1} \sum_0^\infty a_s x^s$$

Substitute in (7). Find

(9)
$$a_{s+1} = \frac{s + \ell + 1 - A}{(s+1)(s+2\ell+2)} a_s$$

In general infinite series — This too large at infinite $\left(y(x \to \infty) \sim e^x ; \quad u \to e^{x/2} \right.$

Only acceptable solutions when $A = $ int. number, $\left.\text{non normalizable,}\right.$

(10)
$$A = n = n' + \ell + 1$$

Then series $\to$ polynomial !

(10) + (3) give

(11)
$$E_n = -\frac{m Z^2 e^4}{2 \hbar^2 n^2} \qquad n = \ell+1, \ell+2, \ldots$$

$$R_\infty = \frac{me^4}{2\hbar^2} =$$
$$= 21.795 \times 10^{-12} \text{erg}$$
$$= 13.605 \text{ eV}$$
$$= 109737.309(12) \text{ cm}$$

Solution expressible in Laguerre Polynomials

(12)
$$L_k(x) = e^x \frac{d^k}{dx^k}\left(x^k e^{-k}\right)$$

(13)
$$\begin{cases} L_0 = 1 \quad L_1 = 1 - x \quad L_2 = 2 - 4x + x^2 \\ L_3 = 6 - 18x + 9x^2 - x^3 \end{cases}$$

Put

$$f(x) = x^k e^{-x}$$

$$L_k = e^x f^{(k)}(x)$$

$$x f' = (k - x) f$$

Diff. $(k+1)$ times

$$x f^{(k+2)} + (x+1) f^{(k+1)} + (k+1) f^{(k)} = 0$$

$$f^{(k)} = e^{-x} L_k \qquad \text{yields}$$

$$(14) \quad x L_k'' + (1-x) L_k' + k L_k = 0$$

This is Laguerre diff. equation

$$(15) \quad L_k^{(j)}(x) = \frac{d^j}{dx^j} \left\{ e^x \frac{d^k}{dx^k} (x^k e^{-x}) \right\}$$

$$\frac{d^j}{dx^j} \,\textcircled{14}$$

$$(16) \quad x L_k^{(j)''} + (j+1-x) L_k^{(j)'} + (k-j) L_k^{(j)} = 0$$

~~Orthogonality~~ Normalization property

$$(17) \quad \int_0^\infty L_k^{(j)} L_{k'}^{(j)} x^j e^{-x} dx = \frac{(k!)^3}{(k-j)!} \delta_{kk'}$$

Normalized e.f's

$$(18) \quad \begin{cases} u_{nlm} = R_{nl}(r) \, Y_{lm}(\vartheta, \varphi) \\[2mm] R_{nl} = \sqrt{\dfrac{4(n-l-1)!}{a^3 n^4 [(n+l)!]^3}} \; e^{-\frac{r}{na}} \left(\dfrac{2r}{na}\right)^l L_{n+l}^{(2l+1)} \left(\dfrac{2r}{na}\right) \end{cases}$$

$$(19) \quad a = \frac{\hbar^2}{me^2} \frac{1}{Z} \qquad \frac{\hbar^2}{me^2} = \text{Bohr radius} \begin{pmatrix} \text{nucleus of} \\ \text{infinite mass} \end{pmatrix}$$
$$= 0.529171(6) \times 10^{-8} \text{ cm.}$$

$$(20) \begin{cases} u(1s) = \frac{1}{\sqrt{\pi a^3}} \, e^{-r/a} \\[2mm] u(2s) = \frac{(2-r/a)\, e^{-r/2a}}{4\sqrt{2\pi a^3}} \\[4mm] u(2p) = \frac{\frac{r}{a}\, e^{-\frac{r}{2a}}}{8\sqrt{\pi a^3}} \begin{cases} -\sin\vartheta\, e^{i\varphi} \\ \sqrt{2}\cos\vartheta \\ \sin\vartheta\, e^{-i\varphi} \end{cases} \end{cases}$$

Note! s-wave functions are the only ones for which $u(r=0) \neq 0$. For them

$$(21) \qquad u_{ns}(r=0) = \frac{1}{\sqrt{\pi a^3 n^3}}$$

cont. spectrum

$-R/9$ $3s, 3p$
$-R/4$ $2s, 2p$

$-R$ $1s$

Qual. discussion of hydrogen + hydrogen like spectrum

Degeneracy

Modified Coulomb potential

$$(22) \qquad U = -\frac{Ze^2}{r}\left(1+\frac{\beta}{r}\right)$$

(5) becomes $\quad v'' + \left[-\frac{1}{4} + \frac{A}{x} + \frac{2A\beta}{r_0}\frac{1}{x^2} - \frac{l(l+1)}{x^2}\right]v = 0$

Put

$$l'(l'+1) = l(l+1) - \frac{2A\beta}{r_0} = l(l+1) - \frac{2\beta}{a}$$

Eq. for v becomes like (5) with $l' \to l$ (l integer, l' not integer)

Eigenvalues $\quad A = n' + l' + 1 \qquad (n' \text{ integer})$

$\qquad\qquad\qquad = n' + 1 + l - (l - l')$

This gives $\qquad = n - (l - l') = n - d_l$

$$(23) \qquad E_{nl} = -\frac{me^4 Z^2}{2\hbar^2(n-d_l)^2} \qquad \binom{\text{removes degeneracy}}{\text{in part}}$$

Phys 341-1954 　　　　　　　　　　8-5

Positive energy e.f.'s 　　　Radial eqn

(24) $R'' + \frac{2}{r} R' + \left\{ \frac{2m}{\hbar^2} \left(E + \frac{Ze^2}{r} \right) - \frac{l(l+1)}{r^2} \right\} R = 0$

(25) $\begin{cases} R = r^l e^{ikr} F(z) & k^2 = \frac{2mE}{\hbar^2} \\ z = -2ikr \end{cases}$

Find for F

(26) $z \dfrac{d^2 F}{dz^2} + (2l+2-z) \dfrac{dF}{dz} - (l+1-i\alpha) F = 0$

(27) $\alpha = me^2 Z / \hbar^2 k$

Solution is hypergeometric function

(28) $F = F(l+1-i\alpha, 2l+2, -2ikr)$

(definition & properties on next page)

Asymptotic expressions of R

(29) $\begin{cases} R_l(r \to 0) \to r^l \\ R_l(r \to \infty) \to \dfrac{e^{-\frac{\pi}{2}\alpha}}{(2k)^l} \dfrac{(2l+1)!}{|\Gamma(l+1+i\alpha)|} \times \\ \qquad \times \dfrac{1}{kr} \sin\left\{ kr + \alpha \ln(2kr) - \dfrac{l\pi}{2} - \arg \Gamma \right\} \end{cases}$

For $l=0$

(30) $\begin{cases} R_0(r \to 0) \to 1 \\ R_0(r \to \infty) \to \dfrac{e^{-\pi\alpha/2}}{|\Gamma(1+i\alpha)|} \dfrac{1}{kr} \sin\left\{ kr + \alpha \ln(2kr) - \arg \Gamma \right\} \end{cases}$

(31) $\begin{cases} \Gamma(n) = (n-1)! & \Gamma(1+z)\Gamma(1-z) = \dfrac{\pi z}{\sin \pi z} \\ |\Gamma(1+i\alpha)|^2 = \dfrac{2\pi\alpha}{e^{\pi\alpha} - e^{-\pi\alpha}} \end{cases}$

Phys 341 – 1954   8-6

Def. & prop. of hypergeometric fcts

(32) $F(a, b, z) = 1 + \dfrac{a}{b \times 1!} \cdot z + \dfrac{a(a+1)}{b(b+1) \times 2!} z^2 + \cdots$

(33) $z F''(z) + (b-z) F'(z) - a F = 0$

Assume b = integer z pure imaginary

Then ~~........~~ asymptotic formula

(34) $F(z \to i\infty) = \dfrac{\Gamma(b)}{\Gamma(b-a)} (-z)^{-a} + \dfrac{\Gamma(b)}{\Gamma(a)} z^{a-b} e^z$

9 - Orthogonality of wave functions.

a) One dim. case

(1) $\begin{cases} u_\ell'' + \frac{2m}{\hbar^2}(E_\ell - U(x))u_\ell = 0 & \bigg|\ u_k \\ u_k'' + \frac{2m}{\hbar^2}(E_k - U(x))u_k = 0 & \bigg|\ -u_\ell \end{cases}$

$$u_k u_\ell'' - u_m u_k'' = \frac{d}{dx}(u_k u_\ell' - u_\ell u_k') =$$

$$= + \frac{2m}{\hbar^2}(E_k - E_\ell)u_k u_\ell$$

(2) $\left| u_k u_\ell' - u_\ell u_k' \right|_a^b = \frac{2m}{\hbar^2}(E_k - E_\ell)\int_a^b u_k u_\ell\, dx$

Usually $u_k, u_\ell \to 0$ for $x \to \pm\infty$

Let then $a \to -\infty$, $b \to +\infty$

(3) $0 = (E_k - E_\ell)\int_{-\infty}^{\infty} u_k u_\ell\, dx$

Comments: Other types of boundary conditions

e.g. Periodic

(4) $0 = (E_k - E_\ell)\oint u_k u_\ell\, dx$

Bounded segment (Inf. potential at $\underline{a}$ and $\underline{b}$)

(5) $0 = (E_k - E_\ell)\int_a^b u_k u_\ell\, dx$

In general one finds

(6) $0 = (E_k - E_\ell)\int_{domain} u_k u_\ell\, dx$

For

(7) $\nearrow$ $\begin{cases} E_k \neq E_l \\ \int u_k u_l \, dx = 0 \end{cases}$

. Orthogonality

In one dim. problems usually one solut. only (except for constant factor) for each eigenvalue. For <u>normalized</u> e.f.'s

(8) $\int u_l u_k \, dx = \delta_{lk}$

Developments in eigenfunctions

(9) $\begin{cases} f(x) = \sum_k c_k u_k(x) \\ c_k = \int_{domain} f(x) u_k(x) \, dx \end{cases}$

b) Tridimensional case

(10) $\begin{cases} \nabla^2 u_l + \frac{2m}{\hbar^2}(E_l - U) u_l = 0 \\ \nabla^2 u_k + \frac{2m}{\hbar^2}(E_k - U) u_k = 0 \end{cases} \begin{vmatrix} u_k \\ -u_l \end{vmatrix}$

(11) $\nabla \cdot (u_k \nabla u_l - u_l \nabla u_k) = \frac{2m}{\hbar^2}(E_k - E_l) u_k u_l$

(12) $\frac{\hbar^2}{2m} \int_\sigma \left(u_k \frac{\partial u_l}{\partial n} - u_l \frac{\partial u_k}{\partial n} \right) d\sigma = (E_k - E_l) \int_\tau u_k u_l \, d\tau$

Usually on contour of field $u_k = u_l \longrightarrow 0$

(13) Then $(E_k - E_l) \int u_k u_l \, d\tau = 0$

or

(14) $\int u_k u_l \, d\tau = 0$ for $E_k \neq E_l$

Phys. 341 — 1954

If there is one e.f. per e.v. — Normalize to 1
and then

(15) $\qquad \int u_k u_l \, d\tau = \delta_{kl}$ (orthogonality)

Case of degeneracy. Possible to choose base
such that (15) holds.   (Remarks on solutions
of linear diff. equations)

For example

$$E_1 = E_2 \qquad u_1 \text{ essentially } \neq u_2$$

Normalize u_1 to unity

Take $\qquad u_1^{new} = u_1$

Instead of u_2 take first

$$u_2 - u_1 \int u_1 u_2 \, d\tau = u_2^{interm}$$

$u_2^{(interm)}$ is orthog. to u_1

$$\int u_1 u_2^{inter} \, d\tau = \int u_1 u_2 \, d\tau - \underbrace{\left(\int u_1^2 \, d\tau \right)}_{1} \times \int u_1 u_2 \, d\tau$$

$$= 0$$

Use then

$$u_1^{new} = u_1$$

$$u_2^{new} = \text{normalized } u_2^{interm}$$

Conclusion: even when there is degeneracy
Possible & convenient to choose base such that
(15) holds.

Analog of (9)

(16) $\begin{cases} f(x,y,z) = \sum c_k u_k (x,y,z) \\ c_k = \int u_k f \, d\tau \end{cases}$

Remarks: Completeness of a set of e.f.'s —
Role of complex solutions — Solution of
time dependent equation   (Meaning of
                                 $|c_k|^2$)

(17) $\qquad \Psi = \sum c_k e^{-\frac{i}{\hbar} E_k t} u_k$

10 - Linear Operators

a) Functions in a field. Examples of fields
(x; x, y, z; points on spl. surface; finite set of points; ...)

b) Functions as vectors with infinite of finite number of dimensions

c) Operators

(1) $g = Of$

examples $g = f^2$, $g = 3f^3$, $g = \dfrac{df}{dx}$, $g = \dfrac{d^2 f}{dx^2}$

$g = (7x^2 + 1) \times f$ etc...

Important: unit operator (indicated by 1 or I)

(2) $\begin{cases} \text{means} \end{cases}$ $\begin{aligned} g = 1f \\ g = f \end{aligned}$

unit operator leave function unchanged

d) In Q. M. important linear operators

Defining property $\boxed{a, b \text{ constants}}$

(3) $O(af + bg) = a\, Of + b\, Og$

Examples: identity, or

$\quad O = 3$ (i.e. multiply times 3)

$O = 7x^2 + 1$ (i.e. multiply by $7x^2 + 1$)

$O = \dfrac{d}{dx}$ $O = \dfrac{d^2}{dx^2}$

Instead

$\quad O = $ take cube of

is not linear

Henceforth only lin. operators will be discussed

e) Sum and difference of operators, defined by

(4) $(A \pm B)f = Af \pm Bf$

Commutative property $A+B = B+A$

Assoc. property $A+(B+C) = (A+B)+C$ and similar are evident.

f) Product by a number

(5) $(aA)f = a(Af)$

g) Product of two operators A, B

(6) $(AB)f = A(Bf)$

Assoc. property

(7) $A(B+C) = AB+AC$ (evident)

In general however

$AB \neq BA$ (A and B do not commute)

Example $A=x$ (i.e. multiply by x)

$B = \frac{d}{dx}$

Then $(AB)f = \left(x\frac{d}{dx}\right)f = x\frac{df}{dx} = xf'$

But $(BA)f = \frac{d}{dx}(xf) = xf'+f$

h) Commutator of A and B is

(8) $AB - BA = [A,B]$

Property

(9) $[A,B] = -[B,A]$ (evident)

Example

(10) $\left[\frac{d}{dx}, x\right] = 1$ (check)

i) __Powers__ of operator. Def. by

(11) $A^n f = A(A \cdots A(Af))$

Example $A = \dfrac{d}{dx}$ then $A^2 = \dfrac{d^2}{dx^2}$ $A^n = \dfrac{d^n}{dx^n}$

Property

(12) $A^{n+m} = A^n A^m$ (evident)

(13) $[A^n, A^m] = 0$ (")

Two powers of same operator commute

j) __Inverse operator__

A^{-1}

can be defined __only__ when

$Af = g$

(14) $\begin{cases} \text{can be solved for } f \text{. Then, by definition} \\ \qquad f = A^{-1} g \end{cases}$

Properties

$(A^{-1} A) f = A^{-1}(Af) = A^{-1} g = f$ that is

(15) $A^{-1} A = 1$ ($\equiv$ identity operator)

also

$(A A^{-1}) g = A(A^{-1} g) = Af = g$ that is

(16) $A A^{-1} = 1$

And from (15)(16)

(17) $[A, A^{-1}] = 0$

k) Functions of an operator — Formal definition. Given a function $F(x)$ defined

Phys 341 - 1954   10-4

by analytical form (e.g. $F(x) = \sin x$, $F(x) = e^{\alpha x}$, $f(x) = \frac{x^2}{1-x}$, etc...) and operator A. Define

(18) $\qquad F(A) = \sum_{0}^{\infty} \frac{F^{(n)}(0)}{n!} A^n$

Observe: definition <u>not always meaningful</u>

Example:

$$A = \frac{d}{dx},$$

$$e^{\alpha A} = 1 + \alpha A + \frac{\alpha^2}{2!} A^2 + \dots + \frac{\alpha^n}{n!} A^n + \dots$$

$$= 1 + \alpha \frac{d}{dx} + \dots + \frac{\alpha^n}{n!} \frac{d^n}{dx^n} + \dots = \sum_{0}^{\infty} \frac{\alpha^n}{n!} \frac{d^n}{dx^n}$$

(19) $\qquad e^{\alpha \frac{d}{dx}} f = \sum \frac{\alpha^n}{n!} \frac{d^n f}{dx^n} = f(x+\alpha)$

Example: $A = x$ (i.e. multiply times x.)

(20) Then $\qquad F(A) = F(x)$ (i.e. multiply by $F(x)$)

b) Function of two (or more) operators. Attempt to generalize (18)

(21) $\begin{cases} F(A,B) = \sum_{n,m=0}^{\infty} \frac{F^{(n,m)}(0,0)}{n! \, m!} A^n B^m \\ \text{where} \qquad F^{(n,m)}(x,y) = \frac{\partial^{n+m} F(x,y)}{\partial x^n \partial y^m} \end{cases}$

however ambiguous <u>except</u> when A, B commute because otherwise e.g. $A^2 B \neq ABA \neq BA^2$

Rule <u>sometimes</u>: symmetrize products i.e.

(22) $AB \to \frac{AB+BA}{2} \qquad A^2 B \to \frac{A^2 B + ABA + BA^2}{3}$
and similar

11 - Eigenvalues and eigenfunctions

Eigenvalue problem

(1)
$$A\psi = a\psi$$

A = operator (linear)
a = number
ψ = function

ψ usually restricted to regular univalued functions — Typical restrictions $\psi(x)$ finite everywhere excluding infinite distance — For ofields with a boundary (e.g. ...) usual condition ψ vanishes on boundary

In gen. solutions only for special values of $\underline{a}$ called eigenvalues —

(2)
$$A\psi_n = a_n \psi_n$$

a_n = eigenvalue
ψ_n = e geufctn.

Example : time indep. Schrödinger eq

(3)
$$\left(-\frac{\hbar^2}{2m}\nabla^2 + U\right)\psi = E\psi$$

E = eigenvalue of operator $-\frac{\hbar^2}{2m}\nabla^2 + U$
ψ = corresp. e. f.

Non degenerate e.v. when only one ψ_n
except for const. factor

degenerate otherwise (double, triple, etc.
degeneracy)

$a_1 \; a_2 \cdots a_n \cdots$ be all e.v.'s of (2)
(each repeated times degeneracy)

$\psi_1 \; \psi_2 \cdots \psi_n \cdots$ be e.f.'s

In Lect ① for (3) ψ_n form orthog. system

第三部分 量子力学讲义

Phys 341 - 1954   11-2

Definition — Scalar product of f, g (functions

(4) $(g|f) = \int g^* f$ Observe
                                            $(g|f) = (f|g)^*$

$\int = \int dx$ or $\int dx\,dy\,dz$ or $\overline{\quad\quad}$
                                          all points

Definition g, f orthogonal when

(5) $(g|f) = 0$ or $\int g^* f = 0$

                                          corresponding to
                                          different a's

Question — When will e.f's of $U(z)$ be orthog?

Answer — When A is →   defined

→ Definition — Hermithian operator A
has property

(6)$\{$ $(g|Af) = (Ag|f)$ or

        $\int g^*(Af) = \int (Ag)^* f$

Example of hermithian operators

   x , $\frac{\hbar}{i}\frac{\partial}{\partial x}$, ∇^2 , $-\frac{\hbar^2}{2m}\nabla^2 + U(x,y,z)$

needed appropriate boundary conditions

(7)$\{$ Lemma — $\underline{A}$ hermithian
              $(f|Af) = $ real number

   Proof $(f|Af) = (Af|f) = (f|Af)^*$

(8)$\{$ Theorem — $\underline{A}$ hermithian — E.v. real

   Proof $A\psi_m = a_m \psi_m$
            $(\psi_m|A\psi_m) = a_m(\psi_m|\psi_m)$ $a_m = \frac{(\psi_m|A\psi_m)}{(\psi_m|\psi_m)} = \frac{real}{real} = $ real

(9) $\{$ Theorem $\underline{A}$ hermithian $a_n \neq a_m$ then

Ψ_n orthog to Ψ_m

Proof

$A \Psi_n = a_n \Psi_n$ $\int \Psi_m^*$

$A \Psi_m = a_m \Psi_m$

$(A \Psi_m)^* = a_m \Psi_m^*$ $\cdot \Psi_n$

(because a_m is real)

$\int \Psi_m^* A \Psi_n - \int (A \Psi_m)^* \Psi_n = (a_n - a_m) \int \Psi_m^* \Psi_n$

$= 0$ because A is herm. $\cdot (\Psi_m / \Psi_n)$

Therefore

$(a_n - a_m)(\Psi_m / \Psi_n) = 0$

0 when $a_n \neq a_m$ QED

$\underline{Quasi\ theorems}$

(10) $\{$ If (f/Af) is real for all f's A is herm

(inverse of (7))

(11) $\{$ If all $(\Psi_n / \Psi_m) = 0$ for all $a_n \neq a_m$

A is hermithian. (Inverse of (9))

These quasi theorems will be made plausible later

Normalized orthogonal e.f.s

(12) $\{$ A hermithian Ψ_r orthog to Ψ_s

$a_1\ a_2 \cdots a_n \cdots$ when $a_n \neq a_s$. If

$\Psi_1\ \Psi_2 \cdots \Psi_n \cdots$ there is degeneracy proceed like page 9-3

Phys 341 - 1954   11-4

Normalization. Divide each ψ_m by $\sqrt{(\psi_m | \psi_m)}$. After all this for new ψ_m

(13) $(\psi_k | \psi_s) = \delta_{ks}$

Quasi theorem — Development of "arbitrary" f

(14) $f = \sum c_m \psi_m$ $c_m = (\psi_m | f)$

or identity

(15) $f = \sum (\psi_m | f) \psi_m$

(Plausible later) ⟨for all f's⟩

When (15) is correct (12) is called complete normalized orthogonal set.

Definition: mean value $\bar{A}$ of operator A relative to function ψ

(16) $\bar{A} = \frac{(\psi | A \psi)}{(\psi | \psi)}$

Example: if $A = x$ and ψ norm to 1

(17) $\bar{x} = \int \psi^* x \psi = \int x |\psi|^2 d\tau$

Therefore weight used in averaging x is $|\psi|^2$

Theorem The mean value of a hermitian operator is real (follows from (7) + (16))

Quasi Theorem — If the mean value of

[left margin, rotated text:]
an operator relative to all function is real, the operator is hermitian. (plausible later; can be proved easily from (15))

Phys 341 – 1954   11-5

Dirac $\delta(x)$ function

(18) $\int \delta(x) dx = 1$ when interval includes $x=0$

(19) $\delta(x) = \lim\limits_{\alpha=\infty} \sqrt{\dfrac{\alpha}{\pi}}\, e^{-\alpha x^2}$

or

(20) $\delta x = \lim\limits_{\alpha=\infty} \dfrac{\sin \alpha x}{\pi x}$

or other forms —

Properties

(21) $\int_{-\infty}^{\infty} f(x)\, \delta(x-a)\, dx = f(a)$

Take derivative respect a

(21) $-\int_{-\infty}^{\infty} f(x)\, \delta'(x-a) = f'(a)$

Use with caution !!

Fourier development

(22) $\delta(x) = \dfrac{1}{2\pi} \int_{-\infty}^{\infty} e^{ikx} dk$

Also dev. in e.f.'s   (like (15))

$\delta(x-x') = \sum\limits_{n} \left(\psi_n^{(x)}\, \delta(x-x')\right) \psi_n(x) \quad \text{from (21)}$

(23) $\delta(x-x') = \sum\limits_{n} \psi_n^{*}(x')\, \psi_n(x)$

Phys 341 – 1954   12-1

Phys 341 – 1954

All six operators are hermitian

12 – Operators for mass point.

Six operators on $\psi(x, y, z)$

(1) $x, \ y, \ z, \ \dfrac{\hbar}{i}\dfrac{\partial}{\partial x} = p_x, \ \dfrac{\hbar}{i}\dfrac{\partial}{\partial y} = p_y, \ \dfrac{\hbar}{i}\dfrac{\partial}{\partial z} = p_z$

(a) assume ψ describes small wave packets

$n = $ unit vector

$\psi \sim e^{\frac{i}{\hbar} n \cdot x}$

$\lambdabar \approx \dfrac{\hbar}{mV}$

Derive from (11-16) (fairly obvious)

(2) $\begin{cases} \bar{x}, \ \bar{y}, \ \bar{z} = \text{approximate coordinates} \\ \qquad \qquad \text{of wave packets} \\ \bar{p_x}, \ \bar{p_y}, \ \bar{p_z} = \text{approximate components} \\ \qquad \qquad \text{of mom. vector } m\vec{V}\vec{n} \end{cases}$

$\left(\text{This last: } \ \bar{p_x} = \dfrac{\left(\psi \,\middle|\, \dfrac{\hbar}{i}\dfrac{\partial\psi}{\partial x}\right)}{(\psi|\psi)} \approx \dfrac{\hbar}{\lambdabar} n_x = mVn_x\right)$

$\dfrac{\hbar}{i}\dfrac{\partial\psi}{\partial x} \approx \dfrac{\hbar}{i}\dfrac{i}{\lambdabar}n_x\psi$

(b) (2) suggests that operators (1) have something to do with coordinates + mom. components? Further confirmation.
Write energy (Kin + Potential of point)

(3) $E = \dfrac{1}{2m}\left(p_x^2 + p_y^2 + p_z^2\right) + U(x, y, z) = H(x, \cdots, p_x \cdots)$

Interpret above as function of operators (1). This Operator function of operators is defined as in (10-21) but in this case definition is quite unambiguous

(4) $\begin{cases} U(x,y,z) \to \text{Operator that multiplies times} \\ \qquad\qquad\qquad\qquad U(x,y,z) \\ p_x^2 + p_y^2 + p_z^2 \to \qquad\qquad \left(\frac{\hbar}{i}\right)^2 \left\{ \frac{\partial}{\partial x}\frac{\partial}{\partial x} + \dots \right\} \end{cases}$

$$= -\hbar^2 \left(\frac{\partial^2}{\partial x^2} + \dots\right) = -\hbar^2 \nabla^2$$

Therefore operator (hermithian)

(5) $\qquad H = -\frac{\hbar^2}{2m}\nabla^2 + U$

Applied to function ψ yields

(6) $\qquad H\psi = -\frac{\hbar^2}{2m}\nabla^2\psi + U\psi$

{ this means merely ordinary product U times ψ }

H is called <u>energy operator</u>

or <u>hamiltonian operator</u>

From previous examples, especially linear oscillator & hydrogen atom appears that

> The e.v.'s of H are the energy levels of system.

Ⓒ <u>Suggested generalization</u>. Postulate Ⓔ

Consider classical function of state of system (e.g.; y coordinate; z-component of momentum; kin. energy; x component of ang. momentum & similar). All these expressible classically as functions of (x, y, z, p_x, p_y, p_z)

Phys 341 – 1954   12-3

Form corresponding operator functions

$$\left[x;\ p_x = \frac{\hbar}{i}\frac{\partial}{\partial x};\ -\frac{\hbar^2}{2m}\nabla^2;\ M_x = y p_z - z p_y = \right.$$

$$\left. = \frac{\hbar}{i}\left(y\frac{\partial}{\partial z} - z\frac{\partial}{\partial y} \right)\ \text{and similar} \right]\ \text{Note:}$$

all these operators must be chosen hermitian

a function $F(x, y, z, p_x, p_y, p_z)$

Postulate 1 — The only possible results of a measurement of coordinate and momenta are the eigenvalues of the corresponding hermithian operator.

Discussion of meaning of state in classical + wave mechanics

Postulate 2 — Wave mechanical state is determined by function ψ_x. Its variety in time according to the time dep. Sch. eq.

However two ψ's proportional to each other represent the same state.

Question. How does one determine the initial ψ? Answer: measure a quantity $F(\vec{x}, \vec{p})$. Result of measurement will be one of the e.v.'s of F, say F_n. If F_n is non degenerate ψ immediately after the measurement is the e.f. of F corresponding to given e.v. If there is degeneracy more measurements are needed, as will be seen later.

e.v. problem

(7) $\qquad G\, g_n(\vec{x}) = G_n\, g_n(\vec{x})$

$G = $ Herm. operator fct of $\vec{x}, \vec{p}$

$G_n = $ eigenvalue (G_n is a <u>number</u>)

$g_n(x) = $ eigenfunction.

Develop ψ

(8) $\begin{cases} \psi = \sum\limits_n b_n\, g_n(\vec{x}) \\[2mm] b_n = (g_n | \psi) = \int g_n^* \psi \, d\tau \end{cases}$

b_n is a number

this is state fct at time t

(9) $\begin{cases} \underline{\text{Postulate 3}} - \text{If } G(x,p) \text{ is measured} \\ \text{probability of finding as result } G = G_n \\ \text{is proportional to} \\ \qquad\qquad |b_n|^2 \end{cases}$

Observe: if ψ normalized $\sum |b_n|^2 = 1$

Proof

$1 = (\psi|\psi) = \left(\sum\limits_n b_n g_n \mid \sum\limits_s b_s g_s \right) =$

$= \sum\limits_{ns} b_n^* b_s (g_n | g_s) = \sum\limits_{ns} b_n^* b_s \delta_{ns} = \sum\limits_n b_n^* b_n = \sum |b_n|^2$

Therefore: when ψ is normal. to 1

(10) $\qquad |b_n|^2 = $ prob. of finding by measurement $G = G_n$

Then: Mean value of possible results of measuring G (ψ is normalized to 1)

$\overline{G} = \sum\limits_n |b_n|^2 G_n = \sum\limits_n b_n^* G_n b_n = \sum\limits_{sn} b_s^* G_n b_n \delta_{sn} =$

Phys 341 – 1954   12-5

$$= \sum_{sm} b_s^* G_m b_m (g_s | g_m) = \left(\sum_s b_s g_s \middle| \sum_n b_n G_m g_m \right) =$$

$$= \cancel{b_s} \left(\psi \middle| \sum_n b_n G g_n \right) = \left(\psi \middle| G \sum_n b_n g_n \right) =$$

$$= (\psi | G \psi) = \frac{(\psi | G \psi)}{(\psi | \psi)} \longleftarrow$$
(This denominator is = 1)

Therefore: (compare with (11-16))

Theorem. The average of op. G in the sense of (11-16) is the weighted average of ~~results~~ of possible results that can be obtained by measuring quantity $G(\vec{x}, \vec{p})$.

Complications when e.v.'s of G are continuous

Example: op. $\underline{x}$
$$x f(x) = x' f(x) \qquad \boxed{x' = number}$$

Solution $f(x) = \delta(x - x') =$ corresp. e.f.
$\delta(x - x')$ is $\underline{not}$ normalizable.
However: in sums like (8), write
$\int$ instead of $\sum$ as follows

~~scribbled out~~

$$n \to x'$$
$$g_m(x) \to \delta(x - x')$$
$$b_m = (g_m^* | \psi) \longmapsto (\delta(x - x') | \psi) \, dx'$$

then the inadequate normalization is compensated for by infinitesimal factor dx', and all formulas become correct

$$\sum_m \to \int$$

Phy 341 - 1954   12-6

(11) $\begin{cases} \text{Dens. of prob. of point being at } x = x' \quad (8)(9) \\ |(\delta(x-x')|\psi(x))|^2 = |\int \delta(x-x')\psi(x)dx|^2 = \\ = |\psi(x')|^2 \leftarrow \text{(familiar result!)} \end{cases}$

Mean value of x

(12) $\quad \bar{x} = (\psi|x\psi) = \int x|\psi|^2 dx$ $\nwarrow$ $\boxed{\psi \text{ normalized to one}}$

Second example operator

(13) $\qquad p = \frac{\hbar}{i}\frac{d}{dx}$

e.v. equation

(14) $\begin{cases} \overset{\smile}{p} f(x) = p' f(x) \quad \boxed{p = \text{operator} \\ p' = \text{number}} \\ \frac{\hbar}{i} f'(x) = p' f(x) \end{cases}$

general solution

(15) $\qquad f(x) = e^{\frac{i}{\hbar}p'x}$ $\leftarrow$ $\boxed{\text{This is e.f. for eigenvalue } p' \\ \text{all } -\infty < p' < +\infty \\ \text{are allowable}}$

Again small trouble with normalization (15) <u>not strictly normalizable</u> — In this case sum like (8) changed as follows

(16) $\begin{cases} n \to p' \quad g_n(x) \to e^{\frac{i}{\hbar}p'x} \quad b_n = (g^*|\psi) \to (e^{\frac{i}{\hbar}p'x}|\psi) \\ \sum_n \to \int \frac{dp'}{2\pi\hbar} \quad \boxed{\text{notice factor } \frac{1}{2\pi\hbar}} \text{ this factor is} \\ \text{needed for completeness } [\text{see } (11\text{-}23) \text{ and } (11\text{-}22)] \\ \delta(x-x') = \sum_n g_n^*(x) g_n(x) \to \int \frac{dp'}{2\pi\hbar} e^{\frac{i}{\hbar}p'(x-x')} = \delta(x-x') \end{cases}$

Phys 341- 1954　　　　　　　　　　12-7

~~Exa of~~ Prob of finding $(p', p'+dp'$

(18) $\begin{cases} \dfrac{dp'}{2\pi\hbar} \left| \left(e^{\frac{i}{\hbar}p'x} \mid \psi(x) \right) \right|^2 \qquad \boxed{\psi \ normalized} \\[4mm] = \dfrac{dp'}{2\pi\hbar} \left| \int e^{-\frac{i}{\hbar}p'x} \psi(x)\, dx \right|^2 \end{cases}$

<u>Notice</u> prob proport. to sq. modulus of

Fourier coefficient

Check that total prob. = 1　$\boxed{\begin{matrix} from\ (17)\ and \\ normalization \end{matrix}}$

<u>Mean value of momentum</u>

Two expressions — From (18)

(19) $\quad \bar{p} = \dfrac{1}{2\pi\hbar} \int p'\, dp' \left| \int e^{-\frac{i}{\hbar}p'x} \psi(x)\, dx \right|^2$

or from p. 12-5 and normalization

(20) $\quad \bar{p} = (\psi \mid p\,\psi) = \dfrac{\hbar}{i}(\psi \mid \psi') = \dfrac{\hbar}{i}\int \psi^* \psi'\, dx$

part integration $\quad = -\dfrac{\hbar}{i}\int \psi'^* \psi\, dx = \dfrac{\hbar}{2i}\int (\psi^* \psi' - \psi'^* \psi)\, dx$

Proove: (19) & (20) are equivalent

$\big[$ write (19) as double integral and use (17) $\big]$

13- <u>Uncertainty principle</u>

Definite x $x = x'$ means $\psi(x) = \delta(x - x')$

Fourier has all comp with eq. amplitude

Hence no momentum limitation

(1) $\boxed{\delta x = 0 \longrightarrow \delta p = \infty}$

Definite $p = p' \longrightarrow \psi = e^{\frac{i}{\hbar} p' x}$ $|\psi|^2 = 1$

hence

(2) $\boxed{\delta p = 0 \longrightarrow \delta x = \infty}$

Interm. case

$$\psi(x) = \begin{cases} e^{ikx} & |x| < a \\ 0 & |x| > a \end{cases}$$

(3) $\boxed{\delta x = a}$

From (12-18)

$$\int_{-a}^{a} e^{-\frac{i}{\hbar} p' x} e^{ikx} dx = \int_{-a}^{a} e^{i(k - \frac{p'}{\hbar})x} dx =$$

$$= \frac{\sin\left((p' - \hbar k)\frac{a}{\hbar}\right)}{p' - \hbar k} \times 2\hbar$$

Prob distrib of p' is $\sim \dfrac{\sin^2(p' - \hbar k)\frac{a}{\hbar}}{(p' - \hbar k)^2}$

$\hbar k$

$\langle \frac{2\pi\hbar}{a} \rangle$

p' therefore

(4) $\delta p' = \dfrac{\pi \hbar}{a}$

(3) + (4) ⟶

(5)   ↳ $\delta x \, \delta p \approx \hbar$

(Uncertainty principle)

Quantitatively one proves that for any ψ

(6) $\delta x \, \delta p \geq \dfrac{\hbar}{2}$ $\left(\begin{array}{l} \text{see Persico - Quantum Mech.} \\ \text{p. 110 ff , p. 118} \end{array} \right)$

For discussion of examples Schiff pp. 7 to 15

$x \, \& \, p$ are __complementary__ according to (5)

Complementarity of time (t) and energy (E)

(7) $\delta t \, \delta E \approx \hbar$

has various meanings.

1) Freq. of short duration phenomenon (lasting δt) has broad band $(\delta \omega)$. Find as (3) + (4)

(8) $\delta t \, \delta \omega \approx 1$

In wave mech. $E = \hbar \omega$, hence (7).

States of a system of short life cannot have energy more sharply defined than corresponds to (7).

2) Discussion of measurement procedures has shown that in order to measure energy accurately (δE) a time of at least $\delta t \approx \hbar / \delta E$ is needed.

All this will be discussed more sharply later

14– Matrices

Functions in finite field (name points of field $1, 2, ..., n$) f is ensemble of n (complex) numbers $(f_1, f_2 \cdots f_n)$.

Discuss: functions in continuous fields as limit of functions in ~~a~~ a finite number of points, (e.g. describe an $f(x)$ by a table).

Consider <u>now</u> field of <u>n</u> points.

(1) $f \equiv (f_1, f_2, ..., f_n)$ considered as vector with complex components (n-dimensional). Limit to $n \to \infty$ (even continuous infinity) yield identification of ~~all~~ functions with vectors in Hilbert space — Will establish theorems for finite <u>n</u> and in many cases results can be generalized.

Scalar product of $f \equiv (f_1, f_2 \cdots f_n)$ & $g \equiv (g_1, g_2 \cdots g_n)$

(2) $$(g|f) = \sum_1^n g_s^* f_s \quad \text{(analog of (11-4))}$$

Observe

(3) $(g|f) = (f|g)^*$

(4) Magnitude of "vector" $f = (f|f) = \sum_1^n |f_s|^2$

(5) Unit "vector" = "vector" of magnitude one

(6) Orthogonal vectors $f + g$, when $(f|g) = 0$ or equivalent $(g|f) = 0$

<u>Base</u> of $\underline{n}$ lin. indipendent "vectors"

(7) $\qquad e^{(1)}, e^{(2)}, \ldots, e^{(n)}$

Condition: no linear comb, of the $\underline{e's}$ vanishes unless all coeff are zero. Expressed by

(8) $\qquad \det \| e_k^{(i)} \| = 0$

Then: any f = lin comb of $\underline{e's}$

(9) $\qquad f = \sum a_i\, e^{(i)}$ $\quad\boxed{\text{Determine coefficients } a_i \text{ by solving } \underline{n} \text{ lin. eq. with } \det \neq 0}$

<u>Orthonormal base</u>

when

(10) $\qquad (e^i | e^k) = \delta_{ik}$

If (10) then

(11) $\qquad a_i = (e^i | f)$

and identity

(12) $\qquad f = \sum_i (e^i | f)\, e^i$ $\qquad\bigg\}$ evident

$\sim\sim\sim\sim\sim\sim\sim\sim\sim\sim\sim\sim\sim\sim\sim\sim\sim\sim$

<u>Operators</u>: Op. $\mathcal{O}$ is rule to convert a "vector" f into another g (in same field)

(13) $\qquad g = \mathcal{O} f$ $\quad\boxed{g \text{ equals } \mathcal{O} \text{ applied to } f}$

Means: components of g are functions of components of f

(14) $\qquad g_k = \mathcal{O}_k (f_1, f_2, \ldots f_m)$ $\quad\boxed{\mathcal{O}_1, \mathcal{O}_2, \ldots \mathcal{O}_n \text{ are } n \text{ functions of } n \text{ variables each defining op. } \mathcal{O}}$

<u>Linear operators</u> defined as on p. 10-1 by property

(15) $\qquad \mathcal{O} (a f + b g) = a\, \mathcal{O} f + b\, \mathcal{O} g$ $\quad\boxed{a, b \text{ constants} \\ f, g \text{ "vectors"}}$

Theorem: For finite field: __most general linear__ operator is a linear and homog. substitution

$$g = Of$$

(16) $\begin{cases} g_1 = a_{11} f_1 + \cdots + a_{1n}' f_n \quad \text{or} \\ \quad - \quad - \quad - \quad - \\ g_m = a_{m1} f_1 + \cdots + a_{mm} f_m \\ g_k = \sum_{\ell=1}^{n} a_{k\ell} f_\ell \end{cases}$

$\boxed{a's \ \text{constants}}$

Proof: evident that (16) is a linear operator. Proove (16) only type of linear operator. Assume O defined by (14) is linear. Apply (17) with

(17) $\quad O(p + \varepsilon f) = Op + \varepsilon Of$

$\boxed{p, f \ \text{are functions, } \varepsilon \ \text{is infinitesimal constant}}$

$(Op)_k = O_k(p_1, \cdots, p_n)$

$(Of)_k = O_k(f_1, \cdots, f_n)$

$(O(p + \varepsilon f))_k = O_k(p_1 + \varepsilon f_1, \cdots) =$

$= O_k(p_1, \cdots) + \varepsilon \left\{ \dfrac{\partial O_k(p)}{\partial p_1} f_1 + \dfrac{\partial O_k(p)}{\partial p_2} f_2 + \cdots \right\}$

Find from (17)

$(Of)_k = \sum \dfrac{\partial O_k(p)}{\partial p_i} f_i$

Coefficients indep. of f's, hence constants

Q.E.D.

~~Hence forth consider~~

Henceforth consider only linear operators like (16)

Phys 341 - 1954   14-4

Operator (linear) (16) represented by $n \times n$ square matrix of coefficients

(18) $O = \begin{Vmatrix} a_{11} & a_{12} \cdots & a_{1n} \\ a_{21} & a_{22} \cdots & a_{2n} \\ \text{-----} \\ a_{m1} & a_{m2} \cdots & a_{mn} \end{Vmatrix}$ do not confuse with a determinant which is one number

Also rectangular matrices (n rows $\times$ m columns) (e.g) "vector" f represented by "vert. slot" matrix ($1 \times n$)

(19) $f = \begin{Vmatrix} f_1 \\ f_2 \\ \vdots \\ f_n \end{Vmatrix}$

Algebra of matrices — Def. of operations

(20) (Multiply times a number $\underline{a}$ = multiply all elements by $\underline{a}$

(21) (Add & subtract (possible only for two matrices that have all the same number of rows and all the same number of columns) = Matrix Sum (or difference) is a matrix in which each element is the sum (or the difference) of the corresp. elements of the original matrices:

Example

$\begin{vmatrix} a_{11} & a_{12} & a_{13} \\ a_{21} & a_{22} & a_{23} \end{vmatrix} + \begin{vmatrix} b_{11} & b_{12} & b_{13} \\ b_{21} & b_{22} & b_{23} \end{vmatrix} = \begin{vmatrix} a_{11}+b_{11} & a_{12}+b_{12} & a_{13}+b_{13} \\ a_{21}+b_{21} & a_{22}+b_{22} & a_{23}+b_{23} \end{vmatrix}$

Theorems: elementary properties hold for above operations

Product of two matrices, A and B

(22) $A B = C$

defined _only_ when A has as many columns as B has rows. Definition

$$(23) \begin{cases} A = \| a_{ik} \| & \left. \begin{array}{l} i = 1, 2, \cdots n \\ k = 1, 2, \cdots m \end{array} \right\} \begin{array}{l} n = \text{number of rows} \\ m = \text{number of col.} \end{array} \\[2mm] B = \| b_{jl} \| & \left. \begin{array}{l} j = 1, 2, \cdots m \\ l = 1, 2, \cdots, p \end{array} \right\} \begin{array}{l} m = \text{no. of rows} \\ p = \text{no. of colms} \end{array} \\[2mm] \text{Product} \quad C = AB \\[1mm] C = \| c_{rs} \| & \left. \begin{array}{l} r = 1, 2, \cdots n \\ s = 1, 2, \cdots p \end{array} \right\} \end{cases}$$

Product has as many rows as A and as many col'ms as B

$$(24) \begin{cases} \end{cases}$$

Elements of product matrix obtained from rule

$$(25) \qquad c_{rs} = \sum_{k=1}^{m} a_{rk} b_{ks}$$

(Rule of product _rows_ × _columns_)

Most important special case. Product of square matrices (of equal side $\underline{n}$) (like (18)

Then ⓐ product AB also is a sq. matrix of order $\underline{n}$

ⓑ Product in inverted order can be defined and it too is sq. matrix but $\overset{BA}{}$

Phys 341-1954   14-6

in general _different_ from AB

(26) $\begin{cases} (AB)_{rs} = \sum_k a_{rk} b_{ks} \\ (BA)_{rs} = \sum_k b_{rk} a_{ks} \end{cases}$

Theorem:
$det(AB) = det(A) \times det(B)$.
evident because product
of sq. matrices by same rule
as row × col. prod. of deterni

(27) Definition of commutator (for sq. matrices
property: (evident)

(28) $[A,B] = AB - BA$ $[A,B] = -[B,A]$

Unit matrix (definition)

(29) $1 = \begin{vmatrix} 1 & 0 \cdots & 0 \\ 0 & 1 \cdots & 0 \\ & -- & \\ 0 & 0 & 1 \end{vmatrix}$

diagonal square matrix
with all elements
on main diagonal
$= 1$

Property

$\begin{cases} 1A = A1 = A \end{cases}$

direct from (25)
or (26)

(30) $\begin{cases} [1,A] = 0 \end{cases}$

Inverse of a matrix $B = A^{-1}$

Defined by

(31) $A^{-1}A = AA^{-1} = 1$

<u>Question</u> when does inverse matrix exist?
<u>answer</u>: when $det(A) \neq 0$ because then
verify rule

(32) $(A^{-1})_{rs} = \dfrac{\text{algebraic minor index}(s,r) \text{ in } A}{\text{determinant of } A}$

(33) Property $det(A^{-1}) = \dfrac{1}{det(A)}$

(34) Property $[A^{-1}, A] = 0$

all this for square matrices

Property: For operator matrices like (16) all definitions of algebraic operations above are derivable ~~and~~ from and consistent with the definitions of operator algebra given in Lect. 10. (Check one by one).

In particular define for square matrices a matrix that is a function of another matrix by same procedure of p. 10-4

Product of a square matrix by a vertical slot matrix (like (18) & (19))

$$(35) \qquad \mathcal{O}f = g \qquad \square \times \| = \|$$

g is a vert. slot are given ~~by (16)~~ according to the matrix product rule (25) by equation (16).

$$(36) \begin{cases} \underline{Therefore}: (35) \text{ can be read } \underline{with\ identical} \\ \underline{results} \ \underline{either}: \text{ Square matrix } \mathcal{O} \times (\text{vert slot } f) = \\ \qquad\qquad = \text{vert slot } g \\ \underline{\underline{or}} \ \text{ Operator } \mathcal{O} \text{ applied to function } f = \text{function } g \end{cases}$$

Phys 341 — 1954   14-8

<u>Transposed matrix</u> of A — definition

(37) $\begin{cases} A^{trans} = \text{matrix } A \text{ in which rows and} \\ \qquad\qquad \text{columns have been interchanged} \\ \qquad\qquad \text{or (equivalent)} \\ \left(A^{trans} \right)_{ik} = A_{ki} \end{cases}$

<u>Particular cases:</u>
$A = $ sq. matrix (e.g. operator matrix)
A^{trans} is obtained by changing each element
with the one symmetric with respect to main diagonal
$f = $ vert. slot (function or "vector")
$f^{trans} = $ horizontal slot $= \| f_1, f_2, \cdots, f_n \|$

<u>Conjugate matrix of A</u> — definition

(38) $\begin{cases} A^* = \text{matrix } A \text{ in which each element} \\ \qquad\quad \text{is changed into its compl. conjugate} \\ \text{~~~~~~~} \text{as} \left(A^* \right)_{ik} = a_{ik}^* \end{cases}$

<u>Adjoint matrix of A</u> — ~~~~~ (very important)
Notation for this matrix will be $\tilde{A}$

Definition

(39) $\begin{cases} \tilde{A} \text{ obtained from } A \text{ by transposition and} \\ \text{conjugation} \\ \qquad \left(\tilde{A} \right)_{ik} = A_{ki}^* \end{cases}$

Example
$A = \begin{vmatrix} 1 & 2+i & 3 \\ 2 & 1+i & 1-i \\ 0 & 0 & 1 \end{vmatrix}$ $\qquad \tilde{A} = \begin{vmatrix} 1 & 2 & 0 \\ 2-i & 1-i & 0 \\ 3 & 1+i & 1 \end{vmatrix}$

Other example

$$(40) \qquad f = \begin{vmatrix} f_1 \\ f_2 \\ f_3 \end{vmatrix} \qquad\qquad \tilde{f} = | f_1^* \; f_2^* \; f_3^* |$$

f & g are "vertical slots" i.e. functions.

$\tilde{g} f$ is then a matrix of one row and one column (see (23) + (24)) that is a number

Find

$$(41) \qquad \tilde{g} f = \sum_1^n g_s^* f_s = (g \,|\, f)$$

$A, B, C, \ldots, K, L$ are matrices with such numbers of rows and columns that product matrix

$$P = ABC \ldots KL \qquad \text{can be defined}$$

(42) Needed: No. of rows of each matrix = no. of columns of successive matrix

Then

$$\tilde{P} = \tilde{L} \, \tilde{K} \ldots \tilde{C} \, \tilde{B} \, \tilde{A}$$

That is, The adjoint of a matrix product is the product of the adjoint matrices taken in opposite order. Proof evident from definitions.

For matrix $\tilde{g} f$ of one row and one col. of (41). adjoint is = for this case to complex conjugate

$$(43) \qquad \widetilde{\tilde{g} f} = (\tilde{g} f)^* = \tilde{f} g = (f \,|\, g)$$

Phys 341 - 1954   15 - 1

15 - Hermithian matrices - Eigenvalue problems.

(1) A square $(n \times n)$ matrix is __Hermithian__ when each of its elements is compl. conjugate of the one symmetric to it with respect to main diagonal. If A is hermithian

$$a_{ik} = a_{ki}^*$$

(2) Therefore a hermithian matrix is equal to its adjoint and vice versa (self-adjoint)

$$\tilde{A} = A \qquad \text{when A is hermithian}$$

All matrices

$$\begin{vmatrix} 1 & 0 \\ 0 & -1 \end{vmatrix} \quad \begin{vmatrix} 0 & 1 & 1 \\ 1 & 0 & 0 \\ 1 & 0 & 0 \end{vmatrix} \quad \begin{vmatrix} 0 & -i & e^{i\alpha} \\ i & 0 & e^{-i\beta} \\ e^{-i\alpha} & e^{i\beta} & 3 \end{vmatrix} \quad \begin{vmatrix} 0 & -i \\ i & 0 \end{vmatrix}$$

are hermithian.

(3) Observe: the diagonal elements of a hermithian matrix __are real numbers__

(4) __Theorem__ (Evident from definitions). If A, B, C,... are herm. matrices and a, b, c, ... are __real__ numbers then

$$a A + b B + c C + ,, \quad \text{is hermithian}$$

(5) __Theorem__ — If A is hermithian all its powers are hermithian. That is

$$A^3 = \tilde{A^3}$$

Proof: $\tilde{A^3} = \widetilde{A A ... A} = \tilde{A}\tilde{A}...\tilde{A} = (\tilde{A})^3 = A^3$

(6) __Theorem__ — If A is hermithian its determinant is real.

$$\det(A) = \text{real number}$$

Proof: $\det(A) = \det(A^{trans}) = [\det(\tilde{A})]^* = [\det(A)]^*$

(7) $\Bigg\{$ **Theorem** - If A is hermitian, so is A^{-1}

Proof: $1 = AA^{-1} = \widetilde{A^{-1}} \widetilde{A} = \widetilde{A^{-1}} A$ ⟶

because 1 is   ↑ because A   ⟶ therefore
hermitian   is herm.

$\longrightarrow \widetilde{A^{-1}} = A^{-1}$

because its product with A is $= 1$

From these theorems follows an

(8) $\Bigg\{$ **Important theorem**. If $F(x)$ is a real function of
the real variable _x_ such that for it one
can define a matrix $F(A)$ with is a
function of a matrix A according to p. 14-7
and p. 10-4. Then
  if A is hermitian $F(A)$ is hermithian
because the series expansion of $F(x)$ has
real coefficients and (5)(4).

(9) $\Bigg\{$ If A, B are herm _in general_ their product
AB is _not_ hermithian but symmetrized product
  $\frac{1}{2}(AB + BA)$ is hermithian

Proof $\overline{\frac{1}{2}(AB + BA)} = \frac{1}{2}(\widetilde{B}\widetilde{A} + \widetilde{A}\widetilde{B}) = \frac{1}{2}(BA + AB) = \frac{1}{2}(AB + BA)$

(10) $\Bigg\{$ This permits in many cases to define a matrix that
is a function $F(A, B)$ of two (or more) matrices in such
a way that.
  If F is the symbol of a real function of its variables
and A, B are hermithian,
      $F(A, B)$ is hermithian

Phys 341 - 1954   15-3

No difficulty when A, B commute because

(11) $\Biggl\{$
Theorem ⓔ A, B are herm; ⓔ $AB = BA$
ⓓ $P = ABAABB$ or similar products of ⓐⓑ factors A or B is hermitian.
(Proof: Take adjoint of P, then reorder factors using assumptions to prove $\tilde{P} = P$)

(12) $\Biggl\{$
Property — Def. of hermitian operators (11-(6)) is consistent with def (1) of herm. matrix.
Because ⓔ $A = \tilde{A}$ ⓓ
$(g \mid Af) = \tilde{g} Af = \tilde{g} \tilde{A} f = \widetilde{Ag} f = (Ag \mid f)$

Eigenvalue problems for hermithian matrix operator

(13) $\Biggl\{$
ⓐ $A = \tilde{A}$ Problem $A\psi = a\psi$ a = eigenvalue

$a_{11}\psi_1 + a_{12}\psi_2 + \ldots + a_{1n}\psi_n = a\psi_1$
$a_{21}\psi_1 + a_{22}\psi_2 + \ldots + a_{2n}\psi_n = a\psi_2$
$\overline{a_{n1}\psi_1 + a_{n2}\psi_2 + \ldots + a_{nn}\psi_n = a\psi_n}$

Solvable when

(14) $\begin{vmatrix} a_{11}-a & a_{12} \cdots & a_{1n} \\ a_{21} & a_{22}-a \cdots & a_{2n} \\ \\ a_{n1} & a_{n2} \cdots & a_{nn}-a \end{vmatrix} = 0$

this is determinant (not matrix)

This is algebraic equation of nth degree (Secular equation). It has n roots, some of them, however may coincide in case of degeneracy

All roots are real (Prove like (11-8))

(15) Therefore . A hermithian matrix operator has n real eigenvalues; some of them may coincide

(16) Theorem . Eigenf. corresponding to different e.v's are orthogonal (Proof like (11-9)).

(17) Theorem . If the n roots of sec. eq. are all single then for each eigenvalue a_s there is only one ψ_s except for constant factor. (Proof given an algebra of determinants)

(18) Rule for constructing ψ_s . Substitute a_s for a in secular determinant (14). Then: The n algebr. minors of any one row of determinant are proportional to the components of vector $\psi^{(s)}$

Problem: construct the eigenvectors of

$$A = \begin{vmatrix} 0 & 1 & 0 \\ 1 & 0 & 1 \\ 0 & 1 & 0 \end{vmatrix} \text{ and normalize them to } 1$$

Same for $\begin{vmatrix} 0 & 1 \\ 1 & 0 \end{vmatrix}$ $\begin{vmatrix} 0 & -i \\ i & 0 \end{vmatrix}$ $\begin{vmatrix} 1 & 0 \\ 0 & -1 \end{vmatrix}$

(19) Case of degeneracy . An e.v. that is a solution of sec. eq. multiple of order q has q linearly independent e.f.'s — (This follows from algebra of determinants) — They can be chosen orthogonal and normalized to one.
Discuss geometrical analogy to ellypsoid

(20) $\begin{cases}$ Choose orthonormal set $\\ \psi^{(1)} \psi^{(2)} \dots \psi^{(n)}; \quad \widetilde{\psi^{(r)}} \psi^{(s)} = \delta_{rs} \\$ as <u>basis</u> for vector space. $\end{cases}$

(21) $\begin{cases}$ Development $\\ \qquad f = \sum_s (\psi^{(s)}|f) \, \psi^{(s)} \end{cases}$

This "prooves" quasi theorem (11-p.4) also prove easily all other quasi theorems of sect 11, reducing them to simple algebraic properties.

Analog of formula (11B-23). Put in (21)

$f_\rho = \delta_{\rho \sigma}$ $\quad \left(\begin{array}{l}\sigma = \text{fixed index} \\ \rho = \text{variable index}\end{array}\right)$. Then $f = \begin{vmatrix} 0 \\ 1 \\ 0 \\ 0 \end{vmatrix}$ⓢ

$(\psi^{(s)}|f_\varepsilon) = \psi_\sigma^{(s)^*}$, Therefore

(22) $\qquad \delta_{\rho \sigma} = \sum_s \psi_\sigma^{(s)^*} \psi_\rho^{(s)}$

Alternate writing of above

(23) $\qquad \sum_s \psi^{(s)} \widetilde{\psi^{(s)}} = 1$ (identity $n \times n$ matrix)

<u>Observe</u>: a matrix operator is defined by giving its eigenvectors and the corresponding eigenvalues. (Because, then)

(24) $\qquad A f = \sum_s a_s (\psi^{(s)}|f) \, \psi^{(s)}$ is completely defined

16 - Unitary matrices - Transformations

ⓔ A hermitian, B hermitian

(1) $\left\{ \begin{array}{l} \psi^{(1)} \dots \psi^{(n)} \\ a_1 \dots a_n \end{array} \right\}$ are e.f.'s and e.v's of A orthonormal set

(2) $\left(\begin{array}{l} \varphi^{(1)} \dots \varphi^{(n)} \\ b_1 \dots b_n \end{array} \right)$ for B also orthonormal

Problem: find matrix T (transformation) that converts $\varphi^{(1)}$ into $\psi^{(1)}$

(3) $T\varphi^{(1)} = \psi^{(1)}$

Solution $T\varphi^s \widetilde{\varphi^s} = \psi^s \widetilde{\varphi^s}$

Sum over s and use (14-23)

(4) $T = \sum_s \psi^s \widetilde{\varphi^s}$

Analogy with transformation of coordinates

Definition. Unitary matrix Q has defining property

(5) $\widetilde{Q} Q = 1$ or $\left(\widetilde{Q} = Q^{-1} \right)$

(6) $\left\{ \begin{array}{l} \text{Theorem. } T \text{ is unitary: Proof:} \\ \widetilde{T} = \sum \widetilde{\psi^s \widetilde{\varphi^s}} = \sum \varphi^s \widetilde{\psi^s} \quad \text{then using (15-2) and (15-23)} \\ \widetilde{T} T = \sum_{s\sigma} \varphi^s \widetilde{\psi^s} \psi^\sigma \widetilde{\varphi^\sigma} = \sum_{s\sigma} \varphi^s \delta_{s\sigma} \widetilde{\varphi^\sigma} = \sum_s \varphi^s \widetilde{\varphi^s} = 1 \end{array} \right.$

Phys 341-1954   16-2

(7) $\begin{cases} \underline{\text{Theorem}} \quad \textcircled{E} \quad T \text{ unitary} \\ \textcircled{3} \quad (Tf|Tg) = (f|g) \\ \text{Proof:} \ (Tf|Tg) = \widetilde{Tf}\, Tg = \tilde{f}\, \widetilde{T} T g = \tilde{f} g = (f|g) \end{cases}$

(8) $\begin{cases} \underline{\text{Theorem}} \quad \textcircled{E} \quad T \text{ unitary} \quad \textcircled{E} \quad \psi^{(s)} \text{ an orthonormal} \\ \text{set of } n \text{ vectors} \\ \textcircled{3} \quad T\psi^{(s)} = \varphi^{(s)} \text{ also form an } \underline{\text{orthonormal}} \text{ set} \\ (\text{evident from } (7)) \end{cases}$

$\underline{\text{Therefore}}$: The unitary transformations transform an orthonormal base into another

(9) $\begin{cases} \underline{\text{Orthonormal set}} \quad e^{(1)} = \begin{vmatrix} 1 \\ 0 \\ \vdots \\ 0 \end{vmatrix} \quad e^{(2)} = \begin{vmatrix} 0 \\ 1 \\ 0 \\ \vdots \end{vmatrix} \quad e^{(n)} = \begin{vmatrix} 0 \\ 0 \\ \vdots \\ 1 \end{vmatrix} \\ \underline{\text{Transformation}} \\ \qquad T e^{(s)} = \psi^{(s)} \quad\rule{1cm}{0.4pt}\quad \text{by unitary matrix} \\ T = \sum_s \psi^{(s)} \widetilde{e^{(s)}} = \begin{Vmatrix} \psi_1^{(1)} & \psi_1^{(2)} & \cdots & \psi_1^{(n)} \\ \psi_2^{(1)} & \psi_2^{(2)} & \cdots & \psi_2^{(n)} \\ \psi_n^{(1)} & \psi_n^{(2)} & \cdots & \psi_n^{(n)} \end{Vmatrix} \text{ or } T_{ik} = \psi_i^{(k)} \end{cases}$

$\underline{\text{Transformation of coordinates}}$ of "vector" f

(10) $\begin{cases} f = \begin{vmatrix} x_1 \\ x_2 \\ \vdots \\ x_n \end{vmatrix} = \sum x_i\, e^{(i)} \quad \text{to new "axes" } \psi^{(k)} \\ f = \sum x'_k\, \psi^{(k)} \qquad \boxed{\begin{matrix} x_i & \text{"old" coord. of } x \\ x'_k & \text{"new" } \ '' \quad '' \ x \end{matrix}} \end{cases}$

Relationship between new and old coord.

~~涉涉涉涉涉涉涉涉涉~~ case (9)

$$(11) \begin{cases} x'_k = \widetilde{\psi^*} f = \sum_s \psi_s^{(k)^*} x_s = (\widetilde{T})_{ks} x_s \\[4pt] \text{or in matrix notation for vertical slots} \\[4pt] x = \begin{vmatrix} x_1 \\ x_2 \\ \vdots \end{vmatrix} \quad x' = \begin{vmatrix} x'_1 \\ x'_2 \\ \vdots \end{vmatrix} \qquad x' = \widetilde{T} x = T^{-1} x \\[4pt] \qquad\qquad\qquad\qquad x = T x' \end{cases}$$

<u>Observe</u> : Transformation of the coordinates is the <u>inverse</u> of the transformation of the base & vectors

Transformation of a matrix operator A

<u>Question</u> . The matrix operator A defines a linear substit. on the coord. x of a vector . What is the corresponding linear subst. on the coordinates x' of same vector?

<u>Answer</u> : from (11) $\quad x = T x'$; from definition of question above

$$\underbrace{A x}_{\parallel} = T A' x'$$
$$A T x'$$

$\longrightarrow \quad T^{-1} A T x' = A' x'$
for an arbitrary x'.
Therefore

$$((12) \begin{cases} \boxed{A' = T^{-1} A T = \widetilde{T} A T} \\[4pt] \text{or inverse} \\[4pt] A = T A' T^{-1} = T A' \widetilde{T} \end{cases}$$

Phys 341-1954   16-4

ALGEBRA A is transformed into A' by T

Properties ⒠ $A' = T^{-1}AT$
                $B' = T^{-1}BT$

(13) Then $A' \pm B' = T^{-1}(A \pm B)T$

             $A'B' = T^{-1}(AB)T$

             $A'^n = T^{-1}A^n T$

             $F(A') = T^{-1}F(A)T$ also $\boxed{I = T^{-1}IT}$

and similar properties. Verify directly

The algebra of $A', B', \ldots$ is identical to
the algebra of $A, B, \ldots$

(14) Also: A' has the same e.v's of A . and
      its e.f.'s are
             $\psi'^{(s)} = T^{-1}\psi^{(s)} = \tilde{T}\psi^{(s)}$ (check)

             or $T\psi'^{(s)} = \psi^{(s)}$

(15) Trace or Spur of a matrix A (sq. matrix)
             $Sp(A) = \sum_1^n A_{ss}$ (sum of elements of main diagonal)

(16) Theorem   A & A' have same spur

             $Sp A' = Sp \tilde{T}AT = \sum_{ikr}(\tilde{T})_{ik} A_{kr} T_{ri} =$

             $= \sum_{kr} A_{kr}(T\tilde{T})_{rk} = \sum A_{kr}\delta_{kr} = \sum A_{kk} = Sp A$

Phys 341 - 1954   16-5

~~Stefeld~~ . Stefeld

Problem .

Λ hermithian , T unitary $A' = \tilde{T}AT$

Determine T such that A' is diagonal

Answer

$$T = \sum_{j} \psi^{(j)} e^{\widetilde{(j)}} \qquad (\text{see (9)})$$

Because

(17)

$$A' = \tilde{T}AT = \sum_{j\sigma} e^{j} \underbrace{\psi^{j} A \psi^{\sigma}}_{a_{\sigma}^{''}\psi^{\sigma}} e^{\widetilde{\sigma}} = \sum_{j\sigma} a_{\sigma} e^{j} \underbrace{\psi^{j} \psi^{\sigma}}_{\delta_{j\sigma}} e^{\widetilde{\sigma}}$$

$$= \sum_{j} a_{j} e^{j} e^{\widetilde{j}} = \sum_{j} a_{j} \begin{vmatrix} 0&0&0&0&0 \\ 0&0&0&0&0 \\ 0&0&1&0&0 \\ 0&0&0&0&0 \\ 0&0&0&0&0 \end{vmatrix} = \begin{vmatrix} a_{1}&0&&0 \\ 0&a_{2}&\cdots& \\ &&&0 \\ 0&0&&a_{m} \end{vmatrix}$$

A is transformed in a diagonal matrix A'
with the e.v's of on main diagonal.
T transforms the original base $e^{(j)}$ into $\psi^{(j)}$

(This means: A is made diagonal by taking its e.f.'s as the base. T new as limits)

(18)

Theorem
$$Spur(A) = \sum_{1}^{m} a_{j}$$
Evident from previous and (16)

(19)

New definition of a matrix $F(A)$. Three steps:

one ~~take~~ Convert A to diagonal A' as in (17)

two $F(A') = \begin{vmatrix} F(a_{1}) & 0 & 0 - \\ 0 & F(a_{2}) & 0 - - \\ 0 & 0 & F(a_{3})\ldots \end{vmatrix}$ $A' = \tilde{T}AT$
$A = TA'\tilde{T}$

three $F(A) = T F(A') \tilde{T}$

Phys 341 - 1954   16-6

Proove easily (using (13)) — Definition (19) is
equivalent to gen. definition of p. 10-4 ~~seut~~
whenever that definition is meaningful.
But Definition (19) does not restrict F.

(20) $\begin{cases} \underline{Theorem} \\[4pt] \qquad [A, F(A)] = 0 \\[4pt] \text{even when def. (19) is used. Proof:} \\[4pt] [A', F(A')] = 0 \text{ because both diagonal, Then} \\[4pt] \text{use (13)} \end{cases}$

(21) $\begin{cases} \underline{Theorem} \quad (\text{Inverse of (20)} \\[4pt] \underline{If \ A, B \ \text{commute}} \ \text{and} \ A \ \text{is non} \\[4pt] \text{degenerate} \qquad B = F(A) \end{cases}$

Proof: Transform A into diag. matrix A'
as in (17) $\qquad A' = \widetilde{T} A T = \begin{vmatrix} a_1 & 0 \\ 0 & a_2 \\ 0 & 0 & \ddots \end{vmatrix}$
$\qquad\qquad\qquad B' = \widetilde{T} B' T$
From $[A, B] = 0$ follows $[A' B'] = 0$

$[A', B']_{ik} = (a_i - a_k) b'_{ik} = 0$ From this
and $a_i \neq a_k$ for $i \neq k$ follows $b'_{ik} = 0$ for $i \neq k$
Therefore B' also diagonal $= \begin{vmatrix} b_1 & 0 & 0 - \sim \\ 0 & b_2 & 0 - \sim \\ 0 & 0 & b_3 \cdots \end{vmatrix} = B'$
Therefore $B' = F(A')$ provided F is one of the
infinite fs for which $F(a_1) = b_1, F(a_2) = b_2 \cdots F(a_n) = b_n$

Transform back + use (19) to prove (21).

Incidentally we have proved:

(22) $\begin{cases}\end{cases}$ Theorem : A diagonal, non degenerate B, commutes with A. Then: also B must be diagonal

(23) $\begin{cases}\end{cases}$ If A in (22) is degenerate then B does not have to be diagonal. But B has the structure shown in the following example easily generalized

$$A = \begin{pmatrix} a_1 & 0 & 0 & 0 & 0 \\ 0 & a_1 & 0 & 0 & 0 \\ 0 & 0 & a_2 & 0 & 0 \\ 0 & 0 & 0 & a_2 & 0 \\ 0 & 0 & 0 & 0 & a_2 \end{pmatrix} \qquad B = \begin{pmatrix} b_{11} & b_{12} & & 0 & \\ b_{21} & b_{22} & & & \\ & & b_{33} & b_{34} & b_{35} \\ 0 & & b_{43} & b_{44} & b_{45} \\ & & b_{53} & b_{54} & b_{55} \end{pmatrix}$$

(24) $\begin{cases}\end{cases}$ This has <u>important application</u>.

Assume: A, B hermithian and $[A,B] = 0$

Solve the e.v. problem of A as on p. 15-3.

Then transform A into a diagonal matrix $A' = \tilde{T} A T$ as in (17). Also $B' = \tilde{T} B T$. A' and B' commute. Then:

If A is non degenerate, by (22) B' is diagonal and the e.v. problem of B is solved

If A is degenerate, then B' is of form like in example (23) and its secular equation splits into simpler equations each having order = to the degree of degeneracy of the e.v's of A.

Phys 341 - 1954   17-1

17 - Observables

Observable = function of state of system.

1- In q. m. one constructs for each observable Q a linear operator (also Q). If the observable is essentially real, Q is a hermithian operator

2- A measurement of Q may yield as value of Q only one of the e.v.'s of op. Q

$$(1) \qquad Q f_{q'} = q' f_{q'} \qquad \left(\begin{array}{l} q' \text{ is e.v.} \\ f_{q'} \text{ is e.fctn} \end{array} \right)$$

3- State of system represented by

ψ (Usually normalized to 1) ~~factor immaterial~~

~~3~~4- How to determine ψ?

Measure Q, find $Q = q'$

Then if q' non degenerate,

$$(2) \qquad \psi = f_{q'}$$

If q' is degenerate then

ψ = linear comb. of all e.f.'s corresponding to q'

~~Then more~~ (Vector ψ belongs to subspace q')

$$(3) \qquad Q \psi = q' \psi \quad \text{defines the subspace } q'$$

In order to determine ψ within subspace q' choose observable P that commute with Q

(4)
$$[P,Q] = 0$$

(5)
$\begin{cases}
\underline{Theorem}: \text{ⓔ} \quad [P,Q] = 0 \text{ ; } \text{ⓔ} \quad Q\psi = q'\psi \text{ , i.e.} \\
\psi \text{ belongs to subspace } q' \text{ ; } \text{ⓓ} \quad P\psi \text{ also belongs} \\
\text{to subspace } q' \text{, i.e.,} \quad Q(P\psi) = q'(P\psi). \\
Proof: \quad Q(P\psi) = QP\psi = PQ\psi = Pq'\psi = q'(P\psi)
\end{cases}$

Consider P as operator within subspace q'. It I will have e.v.'s & e.f.'s in number equal to the dimension of subspace q' obtained as simultaneous solutions of

(6)
$$\begin{cases} Q\psi = q'\psi \\ P\psi = p'\psi \end{cases} \quad \begin{array}{l} p' = \text{e.v. of P within} \\ \text{subspace } Q = q' \end{array}$$

(6) defines a sub-sub-space $(Q=q', P=p')$. If this is onedimensional (6) defines ψ except for factor. Otherwise ψ is limited to sub-sub-space. Then measure also another Observable R such that

(7)
$$[R,Q] = 0 \quad [R,P] = 0$$

R operates in sub sub space

(8)
$$Q\psi = q'\psi \quad P\psi = p'\psi \quad R\psi = r'\psi$$

Define sub sub sub space. If it has <u>one</u> dimension ψ is determined. If not, go on.

5— If ψ is known and A is measured:
Prob of finding $A = a'$ is $|(f_{a'}|\psi)|^2$

Phys 341-1954   17-43

6 - Time variation of "state vector" ψ

H = hamiltonian operator (Hermitian). Then time dependent Schroedinger eq.

(9) $$i\hbar\dot\psi = H\psi$$

Observe

(10) $$-i\hbar\dot{\tilde\psi} = \tilde\psi\tilde H = \tilde\psi H$$

(11) $\begin{cases}\underline{Theorem}: \quad \tilde\psi\psi \text{ (i.e the normalization} \\ \text{constant) is a time constant. Therefore:} \\ \text{if } \psi(0) \text{ is normalized, so is } \psi(t). \\ Proof: \\ \dfrac{d}{dt}\tilde\psi\psi = \tilde\psi\dot\psi + \dot{\tilde\psi}\psi = \dfrac{1}{i\hbar}\tilde\psi H\psi - \dfrac{1}{i\hbar}\tilde\psi H\psi = 0\end{cases}$

⑨+⑩

(12) $\begin{cases}7 - \text{If classically} \\ \qquad H = H(q_1, q_2, \cdots, p_1, p_2, \cdots) \\ H \text{ operator substituting } p_1 = \dfrac{\hbar}{i}\dfrac{\partial}{\partial q_1}, \cdots \\ \underline{but} \text{ not always unambiguous}\end{cases}$

These operators on functions $f(q_1 q_2 \cdots q_s)$

Very infinite "index" $q_1', q_2', \cdots q_s'$

8 - Transformation to matrix.

Frequently convenient to transform to orthonormal base using the e.f's of some pertinent operator like hamiltonian or

unpert. hamiltonian,   assume one q only
$(q = x)$
Orthonormal base functions

(13)
$$\psi^{(1)}(x),\ \psi^{(2)}(x),\ \dots,\ \psi^{(n)}(x),\ \dots$$

Transf. unitary matrix (See p. 16-2)

(14)
$$T = \left\| \begin{array}{cccc} \psi^{(1)}(x') & \psi^{(2)}(x') & \cdots & \psi^{(n)}(x') \cdots \\ \psi^{(1)}(x'') & \psi^{(2)}(x'') & \cdots & \psi^{(n)}(x'') \cdots \\ \psi^{(1)}(x''') & \psi^{(2)}(x''') & \cdots & \psi^{(n)}(x''') \cdots \end{array} \right\|$$

Doubly infinite matrix !!
horizontal index $1, 2, \dots n, \dots$ (may or may not be discret)
vert. index x', x'', x''' (all values of x, usually continuous infinity)
(Handle with caution!)

a "vector or function" $f(x) = \sum \varphi_n^* \psi^{(n)}$

$$\varphi_m = (\psi^{(m)} | f) = \int \psi^{(m)*} f\, dx = \widetilde{\psi^n} f$$

(15) $\begin{cases} f(x')\ f(x'')\ f(x''') & \text{old coordinates of } f \\ \varphi_1 \quad \varphi_2 \quad \varphi_m & \text{new } \text{ " } \text{ " } f \end{cases}$

Operator A transforms to $\widetilde{T} A T$

(16) $\begin{cases} A = \left| \begin{array}{ccc} A_{11} & A_{12} & A_{1m} \cdots \\ A_{21} & A_{22} & A_{2m} \cdots \\ A_{31} & A_{32} & A_{3m} \cdots \end{array} \right| & A_{nm} = (\psi^{(n)} | A \psi^{(m)}) = \\ & = \int \psi^{(n)*}(x) A \psi^{(m)}(x)\, dx \\ & \text{If } A \text{ is hermithian } A_{nm} = A_{mn}^* \end{cases}$

Phys 341- 1954   17-5

$$(17) \begin{cases} A_{nm} = \text{matrix element of } n \text{ between} \\ \text{states } n \And m. \text{ Also} \\ A_{nm} = \langle \psi^{(n)} | A | \psi^{(m)} \rangle = \langle n | A | m \rangle \\ \psi^{(m)} = | m \rangle = \text{Ket} \quad \widetilde{\psi^n} = \langle n | = \text{brac} \end{cases}$$

$$\underline{Example} - \text{Take}$$

$$(18) \begin{cases} \psi^{(n)}(x) = u_n(x) = \text{e.f's of oscillator} (4\text{-}17) \\ \text{They are e.f.'s of operator} \\ H = \frac{1}{2m} p^2 + \frac{m\omega^2}{2} x^2 \end{cases}$$

After unitary transf. (14) H Transforms to diag. matrix

$$(19) \begin{cases} H = \begin{vmatrix} \frac{\hbar\omega}{2} & 0 & 0 & 0 & \cdots \\ 0 & \frac{3}{2}\hbar\omega & 0 & 0 & \cdots \\ 0 & 0 & \frac{5}{2}\hbar\omega & 0 & \cdots \\ 0 & 0 & 0 & \frac{7}{2}\hbar\omega & \cdots \\ \cdots & \cdots & \cdots & \cdots & \end{vmatrix} \\ \\ H_{nm} = H_{nn}\delta_{nm} = \hbar\omega\left(n + \frac{1}{2}\right)\delta_{nm} \end{cases}$$

Determine matrix $\underline{x}$ and matrix $\underline{p}$.

From (18) & $px - xp = \hbar/i$

$$(20) \begin{cases} \frac{\hbar}{im} p = Hx - xH \quad \underline{or} \quad \frac{\hbar}{im} p_{rs} = (Hx - xH)_{rs} = (H_{rr} - H_{ss})x_{rs} = \hbar\omega(r-s)x_{rs} \end{cases}$$

(21) $\begin{cases} \text{From} \quad Hp - pH = -\dfrac{\hbar}{i} m\omega^2 x \\[2mm] \therefore -\dfrac{\hbar}{i} m\omega^2 x_{rs} = \hbar\omega(r-s)p_{rs} \end{cases}$

Combine to find

$$x_{rs} = (r-s)^2 x_{rs}$$

Therefore

(22) $\begin{cases} \text{Also} \quad x_{rs} \neq 0 \text{ only for } r = s \pm 1 \\[2mm] \text{Also} \quad p_{rs} \neq 0 \quad " \quad " \quad " \\[2mm] \qquad\quad p_{r,r+1} = -i\,m\omega\, x_{r,r+1} \end{cases}$

Determine $\left|x_{r,r+1}\right|^2 + \left|x_{r-1,r}\right|^2 = \dfrac{\hbar\omega}{m\omega^2}\left(r+\dfrac{1}{2}\right)$

from (18) (19) (22). Find

$$\left|x_{r,r+1}\right|^2 = \frac{\hbar}{2m\omega}(r+1)$$

Discuss arbitrariness of argument

(23) $\begin{cases} x_{r,r+1} = x_{r+1,r} = \sqrt{\dfrac{\hbar}{2m\omega}}\,\sqrt{r+1} \\[3mm] p_{r,r+1} = -p_{r+1,r} = -i\sqrt{\dfrac{\hbar m\omega}{2}}\,\sqrt{r+1} \end{cases}$

(24) $\begin{cases} x = \sqrt{\dfrac{\hbar}{2m\omega}} \begin{vmatrix} 0 & \sqrt{1} & 0 & 0 & .. \\ \sqrt{1} & 0 & \sqrt{2} & 0 & .. \\ 0 & \sqrt{2} & 0 & \sqrt{3} & .. \\ 0 & 0 & \sqrt{3} & 0 & .. \\ & & & & . \end{vmatrix} \; ; \; p = \sqrt{\dfrac{\hbar m\omega}{2}} \begin{vmatrix} 0 & -i\sqrt{1} & 0 & 0 & .. \\ i\sqrt{1} & 0 & -i\sqrt{2} & 0 & .. \\ 0 & i\sqrt{2} & 0 & -i\sqrt{3} & .. \\ 0 & 0 & i\sqrt{3} & 0 & .. \end{vmatrix} \end{cases}$

Check $\boxed{px - xp = \dfrac{\hbar}{i}}$

Phys 341 – 1954 17-7

Important linear combinations

(25)
$$\begin{cases} \tilde{a} = \sqrt{\frac{m\omega}{2\hbar}}\, x - \frac{i}{\sqrt{2\hbar m\omega}}\, p = \begin{vmatrix} 0 & 0 & 0 & 0 & \cdots \\ \sqrt{1} & 0 & 0 & 0 & \cdots \\ 0 & \sqrt{2} & 0 & 0 & \cdots \\ 0 & 0 & \sqrt{3} & 0 & \cdots \end{vmatrix} \\[20pt] a = \sqrt{\frac{m\omega}{2\hbar}}\, x + \frac{i}{\sqrt{2\hbar m\omega}}\, p = \begin{vmatrix} 0 & \sqrt{1} & 0 & 0 & - \\ 0 & 0 & \sqrt{2} & 0 & - \\ 0 & 0 & 0 & \sqrt{3} & - \\ 0 & 0 & 0 & 0 & \sqrt{4} & \cdots \end{vmatrix} \end{cases}$$

$a, \tilde{a}$ are <u>non</u> hermitian operators
(destruction & creation operators of field theory).
Check commutation relation

(26) $a\tilde{a} - \tilde{a}a = 1$

<u>Phys 341 – 1954</u> 18-1

18 – *The angular momentum*

(1) $\left\{ \vec{M} = \vec{x} \times \vec{p} \right.$

(2) $\left\{ \begin{array}{l} M_x = y p_z - z p_y = X \\ M_y = z p_x - x p_z = Y \\ M_z = x p_y - y p_x = Z \end{array} \right.$

(3) $M^2 = M_x^2 + M_y^2 + M_z^2$

Prove easily commutation rules

(4) $\left\{ \begin{array}{l} [M_x, M_y] = \dfrac{i\hbar}{\emptyset} M_z \; ; \; [M_y, M_z] = \dfrac{i\hbar}{\emptyset} M_x \\[2mm] [M_z, M_x] = \dfrac{i\hbar}{\emptyset} M_y \end{array} \right.$

(5) ^{or} $\qquad \vec{M} \times \vec{M} = \dfrac{i\hbar}{\emptyset} \vec{M}$

(6) $[M_x, M^2] = [M_y, M^2] = [M_z, M^2] = 0$

(7) $[r^2, M_x] = [r^2, M_y] = [r^2 M_z] = 0$

(8) $[r^2, M^2] = 0$

$\boxed{\text{Use units } \hbar = 1}$

(9) $[X, Y] = +iZ \qquad [Y, Z] = +iX \qquad [Z, X] = +iY$

Take representation with
$\qquad M^2 \text{ diagonal matrix}$

Phys 341 - 1954   18-2

Find e.v. of M^2. From (2) & (3) expressed in polar coordinates

$$(10) \begin{cases} M_z = \frac{\hbar}{i} \frac{\partial}{\partial \varphi} \\ \\ M^2 = - \hbar^2 \Lambda \end{cases}$$

Therefore.

$$(11) \begin{cases} M^2 \text{ has e.v.'s } \quad \hbar^2 \ell(\ell+1) \quad \ell=0,1,2\ldots \\ \\ M_z \quad '' \quad '' \quad \hbar\, m \quad m=\ldots,-2,-1,0,1,2,\ldots \end{cases}$$

$$(12) \begin{cases} e.f.'s \text{ of } M^2 \quad \boxed{\hbar=1} \\ M^2 = \ell(\ell+1) \qquad \psi = f(r)\, Y_{\ell m}(\theta,\varphi) \\ 2\ell+1 - \text{fold degeneracy, in addition to } r\text{-degeneracy} \end{cases}$$

$$(13) \begin{cases} \text{For each } M^2 = \ell(\ell+1) \text{ find} \\ M_z = m = (\ell, \ell-1, \ell-2, \ldots, -\ell) \end{cases}$$

Partial matrices M_x, M_y, M_z

$$(14) \begin{cases} M_z = \hbar \begin{vmatrix} \ell & 0 & 0 & \cdots \\ 0 & \ell-1 & 0 & \cdots \\ 0 & 0 & \ell-2 & \cdots \\ \cdot & \cdot & & \\ 0 & 0 & 0 & -\ell \end{vmatrix} \quad ; \quad M_x = \frac{\hbar}{2} \begin{vmatrix} 0 & b_\ell & 0 & 0 & - & 0 & 0 \\ b_\ell & 0 & b_{\ell-1} & 0 & - & 0 & 0 \\ 0 & b_{\ell-1} & 0 & b_{\ell-2} & - & 0 & 0 \\ 0 & 0 & b_{\ell-2} & 0 & - & 0 & 0 \\ - & - & - & - & - & - & b_{-\ell+1} \\ 0 & 0 & 0 & 0 & & 0 & b_{-\ell+1} & 0 \end{vmatrix} \\ \\ M_y = \frac{\hbar}{2} \begin{vmatrix} 0 & -ib_\ell & 0 & 0 & \cdots & 0 & 0 \\ ib_\ell & 0 & -ib_{\ell-1} & 0 & \cdots & 0 & 0 \\ 0 & ib_{\ell-1} & 0 & -ib_{\ell-1} & & 0 & 0 \\ - & - & - & - & - & - & -ib_{-\ell+1} \\ 0 & 0 & 0 & 0 & & ib_{-\ell+1} & 0 \end{vmatrix} \quad b_s = \sqrt{(\ell+s)(\ell+1-s)} \\ \hspace{9cm} (\text{see Schiff: p.144}) \end{cases}$$

Php 341 – 1954   18-3

Proove directly, either from properties of spherical harmonics — Or from commutation rules.

Further more general discussion of ang. momentum later.

$$(15) \begin{cases} l=0 \qquad M^2=0 \qquad M_z = M_x = M_y = \|0\| \end{cases}$$

$$(16) \begin{cases} l=1 \qquad M^2=2 \qquad M_z=\begin{vmatrix} 1 & 0 & 0 \\ 0 & 0 & 0 \\ 0 & 0 & -1 \end{vmatrix} \qquad M_x=\begin{vmatrix} 0 & \frac{1}{\sqrt2} & 0 \\ \frac{1}{\sqrt2} & 0 & \frac{1}{\sqrt2} \\ 0 & \frac{1}{\sqrt2} & 0 \end{vmatrix} \\[2mm] M_x+iM_y=\begin{vmatrix} 0 & \sqrt2 & 0 \\ 0 & 0 & \sqrt2 \\ 0 & 0 & 0 \end{vmatrix} \\[2mm] M_x-iM_y=\begin{vmatrix} 0 & 0 & 0 \\ \sqrt2 & 0 & 0 \\ 0 & \sqrt2 & 0 \end{vmatrix} \qquad M_y=\begin{vmatrix} 0 & -i/\sqrt2 & 0 \\ i/\sqrt2 & 0 & -i/\sqrt2 \\ 0 & i/\sqrt2 & 0 \end{vmatrix} \end{cases}$$

Non hermithian linear combinations

$$(17) \begin{cases} \frac{1}{\hbar}\langle m+1 | M_x+iM_y | m\rangle = \sqrt{(l+m+1)(l-m)} \\[2mm] \frac{1}{\hbar}\langle m-1 | M_x-iM_y | m\rangle = \sqrt{(l+m)(l+1-m)} \end{cases}$$

all other matrix elements vanish!

$$(18) \begin{cases} \text{Observe: operator } M_x+iM_y \text{ changes} \\ \text{state } |m\rangle \longrightarrow \sqrt{(l+m+1)(l-m)}\;|m+1\rangle \\ (M_x-iM_y)\,|m\rangle \longrightarrow \sqrt{(l+m)(l+1-m)}\;|m-1\rangle \end{cases}$$

M_x+iM_y increases, M_x-iM_y decreases the m value by one unit.

19 – <u>Time dependence of observables</u>–
<u>Heisenberg representation.</u>
Time dependent equation

(1) $\quad i\hbar \dot\psi = H\psi$

May be used to define following unitary
transformation (function of time)

(2) $\qquad S(t)$

$S(t)$ transforms a vector $\varphi(0)$, referred
to $t=0$ into a vector $\varphi(t)$, referred to time
t. $\varphi(t)$ is obtained by integrating

(3) $\qquad i\hbar \dot\varphi = H\varphi$

between 0 and t taking $\varphi(0)$ as
initial value of φ.

Already prooved (17 – p.3) that $S(t)$ is
unitary.

(4) $\quad \begin{cases} \varphi(t) = S(t)\,\varphi(0) \\ \varphi(0) = S(t)^{-1}\,\varphi(t) = \widetilde{S(t)}\,\varphi(t) \end{cases}$

In particular for wave function

(5) $\quad \begin{cases} \psi(t) = S(t)\,\psi(0) \\ \psi(0) = \widetilde{S(t)}\,\psi(t) \end{cases}$

When H is time independent, explicit
expression of $S(t)$

(6) $\qquad S(t) = e^{-\frac{i}{\hbar} Ht}$

Proof by substitution in (4) & (3)

(7) $\qquad \overset{*}{S}(t) = e^{\frac{i}{\hbar} Ht}$ $\qquad$ (because H is hermitian)

Schroedinger representation. Use time dependent state vector

described by $\overset{\psi(t)}{\text{time}}$ dependent coordinates in the $\underbrace{\text{base}}_{\text{Time independent}}$ $e^{(1)} = \begin{vmatrix} 1 \\ 0 \\ 0 \\ \vdots \end{vmatrix}$, $e^{(2)} = \begin{vmatrix} 0 \\ 1 \\ 0 \\ \vdots \end{vmatrix}$, ...

any observable A, like x, or p_y, or any function of coordinates & momenta, not containing the time explicitly is described by a matrix in the base B(o). The elements of this matrix are time independent. However the probabilities to obtain by measurement at time t certain results are time dependent because the state vector $\psi(t)$ is time dependent.

~~the time dependent state vector~~

Heisenberg representation. The time dependent state vector $\psi(t)$

(9) $\qquad \psi(t) = S(t) \, \psi(o)$

is represented in terms of a time dependent

Left margin notes:
(4)
$\dot{S}(t) = \frac{i}{\hbar} H S(t)$
In general
$H(t) S(t) \neq \frac{\hbar}{i} \dot{S}(t)$

(8)
B(o)

(10) $\begin{cases} \text{set of base vectors} \\ \qquad e^{(s)}(t) = S(t)\, e^{(s)} \\ (\text{Base } \mathcal{B}(t)) \end{cases}$

(11) $\begin{cases} \text{The coordinates of } \psi(t) \text{ in } \mathcal{B}(t) \text{ are time} \\ \text{independent and equal to the coordinates of} \\ \psi(0) \text{ in } \mathcal{B}(0). \text{ Because!} \\ \qquad \widetilde{e^s(t)}\,\psi(t) = \widetilde{S(t)\,e^{(s)}}\,S(t)\,\psi(0) = \widetilde{e^{(s)}}\,\widetilde{S}\,S\,\psi(0) = \\ \qquad\qquad = \widetilde{e^{(s)}}\,\psi(0) \end{cases}$

This is sometimes abbreviated in the ~~careless~~ statement that the state vector is time independent. Rather the state vector is referred to a set of coordinates that follows it in its motion and it appears constant when referred to such coordinates.

The matrix elements of observable A a function of coordinates & momenta but not containing $\underline{t}$ explicitly are time constants in the base $\mathcal{B}(0)$ but $\underline{not}$ in the Heisenberg time dependent base $\mathcal{B}(t)$.

The matrix representing A becomes

(12) $\qquad A(t) = \widetilde{S}(t)\,A\,S(t) \; ; \; A = S\,A(t)\,\widetilde{S}$

where A is the time independent matrix representing the observable in the ~~Schroedinger~~ base $\mathcal{B}(0)$!

Find $\qquad\qquad\qquad\qquad\qquad$ use(7)

$\dfrac{d}{dt}A(t) = \widetilde{S}(t)\,A\,\dot{S}(t) + \dot{\widetilde{S}}(t)\,A\,S(t) =$

$\qquad\qquad = \dfrac{i}{\hbar}\left(\widetilde{S}\,H\,A\,S - \widetilde{S}\,A\,H\,S\right)$

Put like (12)

(13) $H(t) = \tilde{S} H S$

Find then

(14) $\dfrac{dA(t)}{dt} = \dfrac{i}{\hbar} \left[H(t), A(t) \right]$

This is the _Heisenberg equation of motion_ for operators that do not explicitly depend on time.

→ If H does not contain t explicitly, from (14) find

$\dfrac{dH(t)}{dt} = \dfrac{i}{\hbar} \left[H(t), H(t) \right] = 0$ i.e.

(15) $H(t) = constant = H(0) = H$

This however is _correct only provided_ the hamiltonian does not contain the time explicitly.

Relationship between (14) & the Hamilton eq's

Assume

(16)
$\begin{cases}
H = H(q_1, q_2 \cdots p_1 p_2 p_3 \cdots) \quad \text{(time independent)} \\[4pt]
[p_s, q_s] = \dfrac{\hbar}{i} \quad \text{leads to} \quad \boxed{\text{in simple cases}} \quad [H, q_s] = \dfrac{\hbar}{i} \dfrac{\partial H}{\partial p_s} \\[4pt]
[H, p_s] = -\dfrac{\hbar}{i} \dfrac{\partial H}{\partial q_s} \quad \text{. Then from (14)} \\[4pt]
\dfrac{dq_s}{dt} = \dfrac{i}{\hbar}[H, q_s] = \dfrac{\partial H}{\partial p_s} \; ; \quad \dfrac{dp_s}{dt} = \dfrac{i}{\hbar}[H, p_s] = -\dfrac{\partial H}{\partial q_s}
\end{cases}$

= Hamilton equations

Meaning of $A(t)$: measuring operator $A(t)$ on state $\psi(0)$ at $t=0$ is equivalent to measuring A on future state $\psi(t)$

Php 341 – 1954   20-1

20 - Conservation theorems.

(1) $\begin{cases} \text{Assume in this section} \\ H \text{ does not contain } t \text{ explicitly} \end{cases}$

(2) $\begin{cases} \text{Same assumption for other operators} \\ A, B, C \ldots \end{cases}$

Then: According to ⊕ (19-(15))

(3) $\begin{cases} \quad H \text{ is constant} \\ \text{(conservation of energy} \end{cases}$

(4) $\begin{cases} \text{Similarly from } (19-(14)), A \text{ is conserved} \\ \text{when} \end{cases}$

$$[H, A] = 0$$

Meaning: measuring A now or at a future time gives same result.

Classical conservation theorems of momentum and ang. momentum are related to symmetry properties of physical space. i.e.

Conserv. of momentum ⟷ Translation symmetry

    "   " angular momentum ⟷ Rotation symmetry

Assume symmetry operations ~~property~~ of system.

Examples: Translation (case of internal forces)

Rotation (case of internal forces only or of central forces for rotation around ~~center~~ source of central forces)

Rotation around z-axis (whenever it applies)
Reflection on a _plane of symmetry_.

For each such case introduce operator

(5) $\begin{cases} \text{Defined} \quad T \\ \\ Tf(\text{positions}) = f\left(\substack{\text{positions changed by} \\ \text{symmetry operation}}\right) \end{cases}$

Example: operation = reflection about
$$xy \text{ plane}$$
$$Tf(x_1, y_1, z_1, x_2, y_2, z_2, \ldots) = f(x_1, y_1, -z_1, x_2, y_2, -z_2, \ldots)$$

(6) $\begin{cases} \text{Theorem: } T \text{ is unitary: evident because} \\ T \text{ obviously conserves the normalization of } f \\ \qquad\qquad \tilde{T}T = 1 \end{cases}$

(7) $\begin{cases} \text{Theorem: } T \text{ commutes with } H \\ \qquad\qquad [H, T] = 0 \end{cases}$

Because consider one e.v. E_n of H defining
a vector subspace of the ($\cancel{\text{space}}$ one or more)
e.f's of H belonging to E_n — T operates within
the subspace — This means: the matrix elements
T_{rs} of T in the H representation vanish for $E_r \neq E_s$.
Which is equivalent to (7)

(8) $\begin{cases} \underline{\text{Theorem}} \\ \qquad\qquad [H, \tilde{T}] = 0 \\ \text{Because } \tilde{T} = T^{-1} \text{ is also a symmetry operation} \\ (\text{inverse of } T) \end{cases}$

Theorem. A unitary matrix T has e.f's that are orthogonal (like those of a hermithian matrix), and e.v's of modulus 1.

Proof:

$$T = \frac{T + \tilde{\bar{T}}}{2} + i \frac{T - \tilde{\bar{T}}}{2i}$$

these are hermithian and commute

therefore they have a common set of e.f's that are orthogonal. They are also the e.f's of T. (First part of theorem).
Take these eigenvectors as base and reduce T to diagonal form. Then from $T\tilde{\bar{T}} = 1$ follows that diagonal elements have modulus 1 (Second part of theorem).

(9)
$$
\begin{cases}
\text{Therefore:} & \text{e.v's of } T & e^{i\alpha_s} \\
& \text{e.v's of } \tilde{\bar{T}} & e^{-i\alpha_s} \\
(\alpha_s \text{ is real}) & \text{e.v's of } \frac{T + \tilde{\bar{T}}}{2} & \cos\alpha_s \\
& \text{e.v's of } \frac{T - \tilde{\bar{T}}}{2i} & \sin\alpha_s
\end{cases}
$$

all belong to same one $\psi^{(s)}$

(10) { All above 4 matrices commute with each other and with H. Therefore they are true constants and and their wave functions $\psi^{(s)}$ may be chosen to coincide with the eigenfunctions of the energy

Symmetry Group is the ensemble of all
the transformations corresponding to a
certain symmetry property: Eg. all the rotations
of the x, y, z - axes form the rotations group

Comments on group theory & Q. M.

(11) { Representation of a group = ensemble of
unitary matrices corresponding to all operations
of group and having same algebra.

(12) { Irreducible representation = representation
that cannot be transformed to $\begin{array}{|c|c|} \hline ▨ & 0 \\ \hline 0 & ▨ \\ \hline \end{array}$ for all
its matrices at same time.

(13) { Property: Irred. repres. are determined uniquely by the
abstract structure of the group $\varphi^{(1)} \varphi^{(2)}...$

(14) { Usually useful to. Choose a set of base vectors
that split into sub-sets $\varphi^{(\ell_1)} \varphi^{(\ell_2)}... \varphi^{(\ell_3)}$ each one of
which (set) is transformed into
itself by all operations of the symmetry group
according to one of its irreducible representations R_ℓ

Wigner theorem. If a quantity $\underline{A}$ commutes with
all operations of a group (e.g. the Hamiltonian), the
(15) { matrix elements of A for the above choice of base
vectors vanish when the two vectors $\varphi^{(i)}, \varphi^{(k)}$ correspond
to different irred. repres. Otherwise

$$\langle \varphi^{(\ell i)} | A | \varphi^{(\lambda k)} \rangle = a_{\ell, \lambda} \delta_{ik} \quad \text{with } a_\ell \text{ a number} \\ \text{provided } R_\ell = R_\lambda$$

Phys 341 — 1954   20-5

Application 1 — Translation symmetry and the conservation of momentum.

For systems with internal forces only — (Means homogeneity of physical space)

(16) $T(\vec{a}) = T(a, b, c) =$ translations by $[(a, b, c) = \vec{a}]$

Observe: all these T's corresponding to $\vec{a}$ $\vec{a'}$ commute among themselves and of course with H. (Abelian group). Therefore: choose representation in which H + all T's are orthogonal. For a wave function ψ then

$$T(\vec{a}) \psi = e^{i \alpha(\vec{a})} \psi \qquad \alpha(\vec{a}) \text{ is a function of the vector } \vec{a}$$

From

$$T(\vec{a}) T(\vec{a'}) = T(\vec{a} + \vec{a'}) \text{ conclude}$$

$$\alpha(\vec{a}) + \alpha(\vec{a'}) = \alpha(\vec{a} + \vec{a'}) \quad i.e.$$

$$\alpha = \vec{k} \cdot \vec{a} = k_x a + k_y b + k_z c$$

$\vec{k}$ is a constant vector for the given wave function ψ. It would be different for another wave function.

(19) Find: $\hbar k =$ momentum of system. Proof:

Take an infinitesimal translation by ε along x
$(a = \varepsilon, b = 0, c = 0)$ $T = e^{i k_x \varepsilon} = 1 + i k_x \varepsilon$

$T \psi(x_1, y_1, z_1, x_2 y_2 z_2 \ldots) = (1 + i k_x \varepsilon) \psi = \psi + i k_x \varepsilon \psi$

$\qquad \qquad \| \qquad$

$\psi(x_1 + \varepsilon, y_1, z_1, x_2 + \varepsilon, y_2, z_2, \ldots) = \psi + \varepsilon\left(\frac{\partial \psi}{\partial x_1} + \frac{\partial \psi}{\partial x_2} \cdot \ldots\right)$

(20) $k_x \psi = \frac{1}{i}\left(\frac{\partial \psi}{\partial x_1} + \frac{\partial \psi}{\partial x_2} + \ldots\right) = \frac{1}{\hbar}\left(p_x^{(1)} \psi + p_x^{(2)} \psi + \ldots\right)$

$\qquad \hbar k_x = \sum_s p_x^{(s)} \qquad \hbar k = \sum p^{(s)}$ s summed to all mass points

(left margin)

(18) $\left\{ T(\vec{a}) = e^{-i \vec{k} \cdot \vec{a}} \right.$

s an indivisible representation of the translation group

Wave functions of $\vec{p}$

(21)
$$\psi = e^{\frac{i}{\hbar}\vec{p}\cdot\vec{x}_1}\, \varphi(\vec{x}_2 - \vec{x}_1, \ \vec{x}_3 - \vec{x}_1, \cdots)$$

p here is a vector with components that are numbers, <u>not operators</u>.

They are the e.v.'s of the operators p_x, p_y, p_z.

Frequently one makes a transformation to a moving system of reference (Galilейan or Lorentz as case may be) in order to reduce system to c. of m. frame (<u>bar sy</u>).

Application 2 — <u>Rotation symmetry</u> & the conserv. of <u>angular momentum</u>

For systems with internal forces only or also, with external ϕ central forces. Center of rotation in this case is the origin of the central forces.

Take

(23)
T = rot. by infinitesimal ω_z around ϕ z axis,
$$x \to x - \omega_z y \qquad y \to y + \omega_z x, \qquad z \to z$$

$$T\psi(x_1\, y_1\, z_1\, x_2\, y_2\, z_2 \cdots) = \psi(x_1 - \omega_z y_1, y_1 + \omega_z x_1, z_1, \cdots)$$

Form hermitian operator

$$M_z = \frac{\hbar}{\omega_z} \frac{T - \tilde{T}}{2i}$$

Also similarly M_x and M_y and

(24)
$$M^2 = M_x^2 + M_y^2 + M_z^2$$

(22) In it $\vec{p} = 0$ and ψ is a function of the relative coordinate only.
Comments on greater generality.

Follows:

(25) $\left\{ \quad M_x , M_y , M_z , M^2 \right.$

Are constants of motion. (Conservation of ang. mom.)
Also from their definition follow the commutation relations

(26) $\left\{ \begin{array}{l} [M_x, M_y] = \dfrac{\hbar}{i} M_z \quad \& \text{ similar or} \\[2mm] \vec{M} \times \vec{M} = \dfrac{\hbar}{i} \vec{M} \\[2mm] [M_x, M^2] = 0 \quad \& \text{ similar} \end{array} \right.$

like for the ang. mom. of a single point (p 18-1)

One proves that the matrix structure of (15) found in (18 - (12)(13)(14)(17)(18)) follows from commutation rules only and obtains therefore for (15) with the following exceptions. In sect. 18 l was an integral number. In general, however, also half odd values of l are allowable. This is important for the quantum theory of spin.

Application 3 $\Rightarrow$ Reflection symmetry + conservation of parity. For systems with internal + central forces only one postulates reflection symmetry T corresponds to $x \to -x \quad y \to -y \quad z \to -z$ reflection about the origin. This implies that right + left are physically equivalent.

The transformation $T(\alpha)$ corresponding to a rotation by α around $\vec{z}$ is the application in which (27) $T(\alpha) \psi = e^{i\alpha m} \psi$ M_z and M^2 are diagonal $m = -l \dots l \quad l(l+1)\hbar^2$

(28) $T\psi(x_1, y_1, z_1, x_2, y_2, z_2, \cdots) = \psi(-x_1, -y_1, -z_1, -x_2, -y_2, -z_2, \cdots$

Observe:

(29) $T^2 = 1$

Also T commutes with the operators (25) and of course with H.

(30) $\{$ Normally choose eigenfunctions of

M^2, M_z, and T

(they all intercommute). Because of (29) the e.v's of T, which in general are given by (9) become:

(31)   e.v's of T are ± 1

This permits classification of states

(32) $\{$ $\begin{array}{ll} even & for \ T = +1 \\ odd & for \ T = -1 \end{array}$ $)$ (parity)

The parity is a property that does not change as long as only central & internal forces act on system.

Phys 342 – 1954   21-1

21 - Time independent perturbation theory,

(1) $\qquad H = H_0 + \mathcal{H}$

$\underbrace{\qquad}_{unpert.} \quad perturbation$

(2) $\quad H_0 u_0^{(n)} = E_0^{(n)} u_0^{(n)}$

(3) $\quad H = H_0 + \lambda \mathcal{H} \qquad \lambda \to 1 \text{ at end}$

(4) $\quad u^{(n)} = u_0^{(n)} + \lambda u_1^{(n)} + \lambda^2 u_2^{(n)} + \cdots$

(5) $\quad E^{(n)} = E_0^{(n)} + \lambda E_1^{(n)} + \lambda^2 E_2^{(n)} + \cdots$

(6) $\quad \left(H_0 + \lambda \mathcal{H} \right) u^{(n)} = E^{(n)} u^{(n)}$

(7) $\left\{ \quad H_0 u_0^{(n)} = E_0^{(n)} u_0^{(n)} \quad \longleftarrow \; \text{this is (2)} \right.$

(8) $\left\{ \quad H_0 u_1^{(n)} - E_0^{(n)} u_1^{(n)} - E_1^{(n)} u_0^{(n)} = - \mathcal{H} u_0^{(n)} \right.$

(9) $\left\{ \quad H_0 u_2^{(n)} - E_0^{(n)} u_2^{(n)} - E_2^{(n)} u_0^{(n)} = - \mathcal{H} u_1^{(n)} + E_1^{(n)} u_1^{(n)} \right.$

$-\; -\; -\; -\; -$

$\boxed{10} \left\{ \begin{array}{l} \text{Put} \quad u_1^{(n)} = {\sum_m}' c_{nm}^{(1)} u_0^{(m)} \\[6pt] \qquad\qquad u_2^{(n)} = {\sum_m}' c_{nm}^{(2)} u_0^{(m)} \end{array} \right.$

$\qquad \text{(comment on this)}$

Substitute in (8), (9) using (2) or (7)

(11) $\quad {\sum_m}' c_{nm}^{(1)} \left(E_m^{(n)} - E_0^{(n)} \right) u_0^{(m)} = - \mathcal{H} u_0^{(n)}$

(12) $\quad {\sum_m}' c_{nm}^{(2)} \left(E_m^{(0)} - E_n^{(0)} \right) u_0^{(m)} = - \mathcal{H} u_1^{(n)} + E_1^{(n)} u_1^{(n)}$

$-\; -\; -\; -\; -$

Phys 342 – 1954   21-2

Matrix element

$$(13) \quad \mathscr{H}_{mn} = \left(u_o^{(m)} \mid \mathscr{H} u_o^{(n)} \right) = \langle m \mid \mathscr{H} \mid n \rangle =$$

$$= \int u_o^{m*} \mathscr{H} u_o^n \, dx = \widetilde{u_o^{(m)}} \, \mathscr{H} \, u_o^{(n)}$$

ⓐ Determine $E_1^{(n)}$. Multiply (11) by $\widetilde{u_o^{(n)}}$ to left, use orthogonality

$$(14) \quad \widetilde{u_o^n} \, u^m = \delta_{mn}$$

$$(15) \quad E_1^{(n)} = \widetilde{u_o^{(n)}} \, \mathscr{H} \, u_o^{(n)} = \mathscr{H}_{nn}$$

~~Toto~~ First order perturbation of of energy is mean value of $\mathscr{H}$ over unperturbed state. Next $\quad \widetilde{u_o^{(m)}} \times$ (11) yields

$$(16) \quad c_{nm}^{(1)} = \frac{\mathscr{H}_{mn}}{E_o^{(n)} - E_o^{(m)}}$$

or e.f's to first order

$$(17) \quad u_o^{(n)} + \sum_m{}' \frac{\mathscr{H}_{mn}}{E_o^{(n)} - E_o^{(m)}} \, u_o^{(m)}$$

Same treatment on (12) yields

$$(18) \quad E_2^{(n)} = \sum_m{}' \frac{\mathscr{H}_{nm} \mathscr{H}_{mn}}{E_o^{(n)} - E_o^{(m)}} = \sum_m{}' \frac{|\mathscr{H}_{nm}|^2}{E_o^{(n)} - E_o^{(m)}}$$

$$(19) \quad c_{nm}^{(2)} = \sum_s{}' \frac{\mathscr{H}_{ns} \mathscr{H}_{sm}}{(E_o^n - E_o^s)(E_o^n - E_o^m)} - \frac{\mathscr{H}_{mn} \mathscr{H}_{nn}}{(E_o^n - E_o^m)^2}$$

Phys 342 - 1954   21-3

Example – Lin oscillator perturbed by const. force F

(20) $\mathscr{H}_b = -Fx$

(21) $\begin{cases} \mathscr{H}_{nm} = -F x_{nm} \quad etc. \quad \text{From (p. 17-6)} \\ x_{n,\,n+1} = \sqrt{\dfrac{\hbar}{2m\omega}} \sqrt{n+1} \\ x_{n,\,n-1} = \sqrt{\dfrac{\hbar}{2m\omega}} \sqrt{n} \end{cases}$

$E_0^{(n)} = \hbar\omega \left(n + \tfrac{1}{2}\right)$

$= x_{n,\,n-3} = x_{n,\,n-2} = x_{nn} = x_{n,\,n+2} = x_{n,\,n+3} = \dots = 0$

There part of energy. First order

(22) $E_1^{(n)} = \mathscr{H}_{nn} = -F x_{nn} = 0$

Second order

(23) $\begin{cases} E_2^{(n)} = \sum' \dfrac{|\mathscr{H}_{nm}|^2}{E_0^n - E_0^m} = F^2 \left(\dfrac{|x_{n,\,n+1}|^2}{-\hbar\omega} + \dfrac{|x_{n,\,n-1}|^2}{\hbar\omega} \right) = \\ \quad = \dfrac{F^2}{\hbar\omega} \left(-\dfrac{\hbar}{2m\omega}(n+1) + \dfrac{\hbar}{2m\omega} n \right) = -\dfrac{F^2}{2m\omega^2} \end{cases}$

Energy of all states is decreased by $F^2/(2m\omega^2)$

Direct proof

(24) $H = \dfrac{1}{2m} p^2 + \dfrac{m\omega^2}{2} x^2 - Fx =$ ↙ correction of energy as above

$\quad = \dfrac{1}{2m} p^2 + \dfrac{m\omega^2}{2} \left(x - \dfrac{F}{m\omega^2} \right)^2 - \dfrac{F^2}{2m\omega^2}$

↙ shift of eq. position

Phys 342 - 1954   2d - 4

Example — Zeeman effect (no spin) $\boxed{p \to p - \frac{e}{c}A}$

(25) $H = \frac{1}{2M}\left(p - \frac{e}{c}A\right)^2 + U(r)$ $A =$ vect. pot

   $H = \nabla \times A$

   $= \frac{1}{2M}p^2 + U(r) - \frac{e}{2Mc}\, p \cdot A +$ quadr. terms in $\boxed{A}$ neglected

(comment: $p \cdot A - A \cdot p = \frac{\hbar}{i}\nabla \cdot A = 0$ in static case)

Mag. field $\parallel$ to z, intensity B

(26) $A_x = -\frac{B}{2}y$, $A_y = \frac{B}{2}x$, $A_z = 0$

(27) $H = \underbrace{\frac{1}{2M}p^2 + U(r)}_{H_0} - \underbrace{\frac{eB}{2Mc}(x p_y - y p_x)}_{\mathcal{H}}$

Unpert. e.f.'s

(28) $u_{n,\ell,m}(r,\vartheta,\varphi) = R_{n\ell}(r)\, Y_{\ell m}(\vartheta,\varphi)$

In this case pert. theory trivial because (28) are also e.f's of (27).

(29) $\begin{cases} H_0\, u_{n\ell m} = E_{n\ell}^{(0)} u_{n\ell m} \\[4pt] \mathcal{H}\, u_{n\ell m} = -\frac{eB}{2Mc} m\, u_{n\ell m} \\[4pt] E_{n\ell m} = E_{n\ell}^{(0)} - \frac{eB}{2Mc} m \end{cases}$

Discussion (selection rule $m \to \begin{array}{l} m\pm 1 \\ m \end{array}$,

   also corresp. principle)

Discuss role of constants of motion in limiting types of unpert. e.f's that enter into perturbation sums.

Bohr magneton.

Write ~~once~~ perturbation repr. int. of orbit and field in (27)

$$(30) \begin{cases} \mathcal{H} = -\vec{B} \cdot \vec{\mu} & \vec{\mu} = \text{magn. mom. of orbit} \\ \vec{\mu} = \dfrac{e\hbar}{2mc}\left(\dfrac{1}{\hbar}\vec{M}\right) & \dfrac{\vec{M}}{\hbar} = \text{ang. mom. of orbit in } \hbar \text{ units.} \end{cases}$$

$$(31) \begin{cases} \text{Interpret: to each unit } \hbar \text{ of ang. momentum of the orbit there is associated a unit} \\ \mu_0 = \dfrac{e\hbar}{2mc} = 9.2732 \times 10^{-21} \ cm^{5/2} \ gr^{1/2} \ sec^{-1} \\ \text{of magnetic moment } (\mu_0 = \text{Bohr magneton}). \end{cases}$$

Topics for discussion.

Proof of (31) from classical orbit model

Proof of (31) from current density derived from continuity equation (2-(7)) and (2-(9))

$$(32) \qquad J = \frac{\hbar e}{2imc}\left(\psi^* \nabla \psi - \psi \nabla \psi^*\right)$$

$$(33) \begin{cases} \mu_z = \int \dfrac{1}{2}\left(\vec{x} \times J\right)_z d^3x \\ \psi = F(r,\vartheta)e^{im\varphi} \qquad \psi^* = F(r,\vartheta)e^{-im\varphi} \\ \int |\psi|^2 d^3x = 1 \end{cases}$$

$$(34) \qquad \longrightarrow \quad \mu_z = \frac{e\hbar}{2mc} m$$

<u>Ritz Method</u>. From (22). ψ approximates exact $\psi^{(n)}$ ~~by errors~~ with error of <u>first</u> order. Then

$$(35) \quad \overline{H} = (\psi | H\psi) = \overline{\psi} H \psi = \int \psi^* H \psi \, dx$$

approximates $E^{(n)}$ with error of <u>second</u> order.

$$(36) \quad \begin{cases} \text{Practical application: Guess wave function} \\ \text{Compute } \overline{\psi} H \psi \text{. If guess of } \psi \text{ is fair} \\ \text{guess of } E \text{ is good.} \end{cases}$$

~~Actual procedure~~

<u>More precisely</u>. <u>Theorem:</u> Minimum problem

$$(37) \quad \delta(\overline{\psi} H \psi) = 0 \quad \text{with condition } \overline{\psi}\psi = 1$$

leads to Schrödinger equation

$$(38) \quad \begin{cases} \text{Proof} \quad \overline{\delta\psi} H\psi + \overline{\psi} H \delta\psi - \lambda \overline{\psi} \delta\psi - \lambda \overline{\delta\psi} \psi = 0 \\ \overline{\delta\psi}(H\psi - \lambda\psi) + \overline{(H\psi - \lambda\psi)} \delta\psi = 0 \\ \text{leads to } \text{~~equation~~} \\ \qquad H\psi = \lambda\psi \quad (= \text{Schröd. eq. with } E = \lambda) \end{cases}$$

<u>Therefore:</u> Solve min. problem (37). The min. value is the lowest e.v., extremal values are other e.v's.

Practical application: Choose reasonable guess for $\psi^{(0)} \propto f(x, \alpha, \beta, \cdots)$. $\alpha, \beta, \cdots$ are adjustable parameters. Compute

$$(39) \quad E(\alpha, \beta, \cdots) = \frac{\int f^*(x, \alpha, \cdots) H f(x, \alpha, \cdots) dx}{\int f^*(x, \alpha, \cdots) f(x, \alpha, \cdots) dx}$$

Find ~~some~~ values of $\alpha, \beta, \cdots$ that

(40)
$$E(\alpha, \beta, \cdots) = min$$

The min value of E is close to lowest energy level, $f(x, \alpha, \beta, \cdots)$ is fair approx. to e.f.

Example, Oscillator problem

(41)
$$H = \tfrac{1}{2} p^2 + \tfrac{1}{2} x^2 \qquad \boxed{\hbar = 1 \quad m = 1 \quad \omega = 1}$$

Trial $f(x)$

$\langle \alpha \rangle$

Find

(42)
$$E(\alpha) = \frac{\tfrac{1}{2} \int_{-\alpha}^{\alpha} x^2 f^2(x)\, dx \ominus \tfrac{1}{2} \int_{-\alpha}^{\alpha} f(x)\, f''(x)\, dx}{\int_{-\alpha}^{\alpha} f^2(x)\, dx} =$$

$$= \frac{\tfrac{\alpha^3}{30} + \tfrac{1}{\alpha}}{\tfrac{2}{3}\alpha} = \tfrac{1}{20}\alpha^2 + \tfrac{3}{2}\tfrac{1}{\alpha^2}$$

(43)
$$\text{Min at} \qquad \alpha = \sqrt[4]{30} = 2.34$$

$$E(2.34) = 0.548, \text{ within } 10\% \text{ of}$$

correct lowest e.v. 0.500000

Proove: $E(\alpha, \beta, \cdots)$ given by (29) obeys

(44)
$$E(\alpha, \beta, \cdots) \geq E_0$$

with $E_0 =$ lowest en. e.v. (For proof develop f in e.f.'s of H)
Discussion of practical use.

22- Case of degeneracy or quasi degeneracy

Perturbation procedure of lect 21 breaks down when $E_0^{(\alpha)} - E_0^{(\lambda\lambda)} = 0$ or very small.

(See 21 (18) and (21-16))

$$(1) \begin{cases} \text{unpert. e.f's} \\[4pt] \underbrace{u_0^{(1)}\; u_0^{(2)}\cdots\; u_0^{(g)}}_{\substack{\text{These deg. or}\\\text{quasi degenerate}\\\text{for unp. problem}}} \quad \underbrace{u_0^{(g+1)}\; u_0^{(g+2)}\cdots}_{\substack{\text{These have unpert. energies}\\\text{quite different from}\\\text{previous.}}} \end{cases}$$

Search for solutions (of first order approx) of type

$$(2) \begin{cases} u = \sum_1^g c_s\, u_0^{(s)} + \sum_{g+1}^{\infty} c_\alpha\, u_0^{(\alpha)} = \\[10pt] \qquad\qquad c_\alpha \text{ small of first order} \\[4pt] \qquad\qquad c_s \text{ large} \\[10pt] \qquad\qquad H = H_0 + \mathcal{H} \\[6pt] \rightarrow\; H u = E u \qquad\qquad E = E_0 + \varepsilon \end{cases}$$

In first approximation

$$(3) \begin{cases} \sum_1^g c_s (H - E)\, u_0^{(s)} + \underbrace{\sum_{g+1}^{\infty} c_\alpha (H_0 - E_0)\, u_0^{(\alpha)}}_{\sum_{g+1}^{\infty} c_\alpha \left(E_0^{(\alpha)} - E_0\right) u_0^{(\alpha)}} \doteq 0 \end{cases}$$

Multiply by $\widetilde{u_0^{(\ell)}}$ to left, $\ell = 1, 2, \ldots, g$.

$$(4) \begin{cases} \sum_1^g c_s \left(H_{\ell s} - E\right) = 0 \qquad \text{This is a scalar problem of order } g \text{ that } \\[14pt] \begin{vmatrix} H_{11}-E & H_{12} & \cdots & H_{1g} \\ H_{21} & H_{22}-E & \cdots & H_{2g} \\ H_{g1} & H_{g2} & \cdots & H_{gg}-E \end{vmatrix} = 0 \qquad \text{Determines the } g \text{ energy levels corresp. to the degenerate or quasi deg. set of } g \text{ levels of unpert. problem.} \end{cases}$$

Determine then

$$(5) \qquad C_\alpha = \frac{\sum\limits_{1}^{8} c_0 H_{\alpha 3}}{E_0 - E_0^{(\alpha)}} \qquad \text{large denominator!}$$

gives first order correction to wave function.

<u>Comments</u> : role of conservation theorems in reducing secular problem (4)

<u>Example</u> Stark effect in H   n=2 levels

Perturbation

$$(6) \qquad \mathcal{H} = +eF z \qquad F = \text{electric field}$$

4 deg levels of unpert. problem

$$(7) \qquad 2s, \ 2p_1, \ 2p_0, \ 2p_{-1} \qquad (\text{see } p. \ 8\text{-}4)$$

Observe:

$$(8) \qquad [\mathcal{H}, M_z] = 0$$

Therefore perturbation mixes only states of equal <u>m</u>, like 2s and $2p_0$.

$2p_1$ and $2p_{-1}$ have their energies perturbed as in case of non degeneracy)

~~they~~ in first approx. (21-(15)) by amt

$$(9) \left\{ \begin{array}{l} \langle 2p_1 | eF z | 2p_1 \rangle = \\ = eF \int z |\psi_{2p_1}|^2 d^3x = 0 \quad \left(\begin{array}{l} \text{because } z \text{ odd} \\ |\psi_{2p_1}|^2 \text{ even} \end{array} \right) \end{array} \right.$$

Same for $2p_{-1}$.

Therefore $2p_1$ & $2p_{-1}$ unperturbed in first approximation.

(10) $\quad \psi_{2s} = \frac{1}{\sqrt{32\pi a^3}} \left(2 - \frac{r}{a}\right) e^{-\frac{r}{2a}}$

(11) $\quad \psi_{2p_0} = \frac{1}{\sqrt{32\pi a^3}} \frac{r}{a} e^{-\frac{r}{2a}} \cos\vartheta$

$\langle 2s | z | 2s \rangle = \langle 2p_0 | z | 2p_0 \rangle = 0$

(12) $\begin{cases} \langle 2s | z | 2p_0 \rangle = \frac{1}{32\pi a^3} \int_0^\infty \int_0^\pi \left(2 - \frac{r}{a}\right) \frac{r}{a} e^{-\frac{r}{a}} \, r\cos^2\vartheta \, 2\pi r^2 dr \sin\vartheta \, d\vartheta \\[2mm] = \frac{1}{16a^3} \underbrace{\int_0^\infty \left(2 - \frac{r}{a}\right) \frac{r}{a} \, r^3 e^{-\frac{r}{a}} dr}_{-72 a^4} \underbrace{\int_0^\pi \cos^2\vartheta \sin\vartheta \, d\vartheta}_{2/3} = -3a \end{cases}$

Perturb matrix

(13) $\begin{cases} eF \begin{vmatrix} 0 & -3a \\ -3a & 0 \end{vmatrix} & \text{has e.v.'s} \quad \pm 3eFa \end{cases}$

Therefore in ~~flat effect~~

(14) $\begin{cases} & \text{Energy level} & & \text{E.f of zero approx.} \\ & \text{to first approx.} & & \\[1mm] & -\frac{me^4}{2\hbar^2} \frac{1}{4} & & \psi_{2p_1} \\[2mm] & -\frac{me^4}{2\hbar^2} \frac{1}{4} & & \psi_{2p_{-1}} \\[2mm] & -\frac{me^4}{2\hbar^2} \frac{1}{4} + 3eFa & & \frac{1}{\sqrt{2}}\left(\psi_{2s} + \psi_{2p_0}\right) \\[2mm] & -\frac{me^4}{2\hbar^2} \frac{1}{4} - 3eFa & & \frac{1}{\sqrt{2}}\left(\psi_{2s} - \psi_{2p_0}\right) \end{cases}$

Phys 342 – 1954   23-1

23- <u>Time dependent perturbation theory, Born approximation.</u>

(1) $\begin{cases} H = H_0 + \mathcal{H} & \quad H_0 \text{ time independent} \\ & \quad \mathcal{H} \text{ may be time dependent} \end{cases}$

Unperturbed Svr. eq.

(2) $\qquad i\hbar\,\dot\psi_0 = H_0\psi_0$

has solution

(3) $\qquad \psi_0 = \sum a_m^{(0)} u_0^{(m)}\, e^{-\frac{i}{\hbar}E_0^{(m)}t}$

(4) $\qquad \underline{\text{constants.}} \qquad\qquad H_0 u_0^{(m)} = E_0^{(m)} u_0^{(m)}$

Solve Schr eq

(5) $\qquad i\hbar\,\dot\psi = (H_0 + \mathcal{H})\,\psi$ ⟵

(6) by $\quad \psi = \sum a_n(t)\, u_0^{(m)}\, e^{-\frac{i}{\hbar}E_0^{(m)}t}$

⟶ then multiply by $\widetilde{u_0^{(s)}}$ to left + use orthonormality ~~and~~ and (4).

(7) $\qquad \dot a_s = -\frac{i}{\hbar}\sum_n a_n \langle s|\mathcal{H}|n\rangle\, e^{\frac{i}{\hbar}(E_0^{(s)}-E_0^{(m)})t}$

(8) $\qquad \langle s|\mathcal{H}|n\rangle = \widetilde{u_0^{(s)}}\,\mathcal{H}\, u_0^{(m)} = \int u_0^{*(s)}\,\mathcal{H}\, u_0^{(m)}\,dx$

$\qquad\qquad\qquad = \mathcal{H}_{sn}$

<u>(7) is exact.</u> Use it approximately by substituting in right hand side $a_m(0)$ for $a_m(t)$. Then

(9) $\qquad a_s(t) \approx a_s(0) - \frac{i}{\hbar}\sum_n a_m(0)\int_0^t \mathcal{H}_{sn}(t)\, e^{\frac{i}{\hbar}(E_0^{(s)}-E_0^{(m)})t}\,dt$

<u>Important special case</u>. At $t=0$ system in state n. Then $a_n(0)=1$, all other a's are zero.

$$(10) \quad a_s(t) = -\frac{i}{\hbar} \int_0^t \mathcal{H}_{sn}(t') \, e^{\frac{i}{\hbar}(E_0^{(s)} - E_0^{(n)})t} \, dt \qquad (s \neq n)$$

Matrix element $\mathcal{H}_{sn}(t)$ causes transitions $n \to s$.

<u>Transitions from</u> n <u>to a continuum of states</u>

(11) Assume $\mathcal{H}_{sn}$ indep. of time, then

$$a_s(t) = -\mathcal{H}_{sn} \frac{e^{\frac{i}{\hbar}(E_0^s - E_0^n)t} - 1}{E_0^s - E_0^n}$$

$$|a_s(t)|^2 = 4|\mathcal{H}_{sn}|^2 \frac{\sin^2 \frac{t}{2\hbar}(E_0^{(s)} - E_0^{(n)})}{(E_0^{(s)} - E_0^{(n)})^2}$$

<u>Prob of transition to one state</u> s

$$(12) \quad P(t) = \sum_s |a_s(t)|^2 = 4|\mathcal{H}_{sn}|^2 \sum \frac{\sin^2 \frac{t}{2\hbar}(E^s - E^n)}{(E^s - E^n)^2} =$$

$$= 4 \overline{|\mathcal{H}_{sn}|^2} \, \rho(E_n) \int \frac{\sin^2 \frac{t}{2\hbar}(E^s - E^n) \, d(E^s - E^n)}{(E^s - E^n)^2}$$

$$= t \frac{2\pi}{\hbar} |\mathcal{H}_{sn}|^2 \rho(E_n) \qquad \underbrace{\qquad}_{\frac{\pi t}{2\hbar}} \qquad \int \frac{\sin^2 \alpha x}{x^2} dx = \frac{\pi}{2}$$

(13) $\rho(E_n) =$ no of states s, close to E_n per unit energy interval.

$$\boxed{\text{Rate of transition} = \frac{2\pi}{\hbar} |\mathcal{H}_{sn}|^2 \rho(E_n)}$$

<u>Discuss</u>: distribution of final states as function of t & relation with uncertainty principle

Example : _Born approximation._

$$\left\{ \begin{array}{l} \text{Scattering by a potential} \quad U(\vec{x}) \end{array} \right.$$

(14)

$$|p'| = |p|$$

$$U(x) = \mathcal{H} \text{ treated as perturbation}$$

(15)
$$\left\{ \begin{array}{l} \text{initial state} \quad \dfrac{1}{\sqrt{\Omega}} e^{\frac{i}{\hbar} \vec{p}\cdot\vec{x}} \qquad (\Omega = vol.\ of\ box) \\[3mm] \text{final state} \quad \dfrac{1}{\sqrt{\Omega}} e^{\frac{i}{\hbar} \vec{p'}\cdot\vec{x}} \end{array} \right.$$

$$\langle p' | \mathcal{H} | p \rangle = \frac{1}{\Omega} \int U(x)\, e^{\frac{i}{\hbar}(\vec{p}-\vec{p'})\cdot\vec{x}}\, d^3x$$

$$= \frac{1}{\Omega} U_{p-p'} \quad \text{Fourier transform of } U$$

(16)
$$\left\{ \begin{array}{l} \text{No of final states in solid angle } \underline{d\omega} \text{ per unit} \\ \text{energy interval} \\[2mm] \rho_{d\omega} = \dfrac{\Omega\, d\omega}{(2\pi\hbar)^3} \dfrac{p^2 dp}{v\, dp} = \dfrac{\Omega\, p^2}{8\pi^3\hbar^3 v}\, d\omega \\[3mm] v = velocity \qquad v\, dp = dE \quad (\text{corect also relativistic}) \end{array} \right.$$

Rate of transitions into $\underline{d\omega}$

$$d\omega\, \frac{v}{\Omega} \frac{d\sigma}{d\omega} = \frac{2\pi}{\hbar} \left| \frac{1}{\Omega} U_{p-p'} \right|^2 \frac{\Omega p^2}{8\pi^3\hbar^3 v}\, d\omega$$

(17)
$$\boxed{ \frac{d\sigma}{d\omega} = \frac{1}{4\pi^2\hbar^4} \frac{p^2}{v^2} \left| U_{p-p'} \right|^2 }$$

(18)
$$\left\{ \begin{array}{l} \text{For non relativistic mechanics } m = \dfrac{p}{v} \\[3mm] \dfrac{d\sigma}{d\omega} = \dfrac{m^2}{4\pi^2\hbar^4} \left| U_{p-p'} \right|^2 \end{array} \right.$$

Limits of validity (discuss)

$$(19) \quad \frac{1}{\hbar} L \left(\sqrt{p^2 + 2mU} - p \right) \ll 1 \qquad \langle \ L \ \rangle$$

<u>Scattering by Coulomb center</u>

$$(20) \quad \begin{cases} U = \dfrac{z Z e^2}{r} \\[2mm] U_{p-p'} = z Z e^2 \displaystyle\int \dfrac{e^{\frac{i}{\hbar}(\vec{p}-\vec{p'})\cdot \vec{x}}}{r} d^3x = \dfrac{4\pi z Z e^2}{\frac{1}{\hbar^2}|\vec{p}-\vec{p'}|^2} = \\[3mm] \qquad = \dfrac{4\pi \hbar^2 z Z e^2}{4 p^2 \sin^2 \frac{\theta}{2}} \qquad \boxed{\nabla^2 \varphi = -4\pi \dfrac{e^{i\alpha x}}{r}} \end{cases}$$

$$(21) \quad \begin{cases} \dfrac{d\sigma}{d\omega} = \dfrac{z^2 Z^2}{4} \left(\dfrac{m e^2}{p^2} \right)^2 \dfrac{1}{\sin^4 \frac{\theta}{2}} \qquad \left(\begin{array}{l} \text{Identical to classical} \\ \text{Rutherford formula} \end{array} \right) \end{cases}$$

Suggested discussion topics.

<u>Scattering by potential well</u> — <u>Nuclear forces</u>

<u>Limit of long wave length</u> — isotropic scattering

    " " <u>short</u> " " — forward "

<u>Role of the mass</u> (neutrino)

<u>Exponential decay of original state in case</u> (11)

Phys 342 - 1954   24-1

24- <u>Emission and absorption of radiation.</u>

(1) $\mathcal{H} = eBz\cos\omega t$

$B = $ amplitude.

At $t = 0$ atom in state $\underline{n}$. From (23-(10))

(2) $a_m(t) = -\dfrac{i}{\hbar} eBz_{mn} \displaystyle\int_0^t \cos\omega t \, e^{i\omega_{mn} t} \, dt$

$\omega_{mn} = \dfrac{E^{(m)} - E^{(n)}}{\hbar} > 0$ $\cos\omega t = \dfrac{e^{i\omega t} + e^{-i\omega t}}{2}$

this term only important when

$\omega \approx \omega_{mn}$ then

$a_m(t) \approx -\dfrac{ieB}{2\hbar} z_{mn} \displaystyle\int_0^t e^{i(\omega_{mn} - \omega)t} \, dt =$

$= +\dfrac{eB}{2\hbar} z_{mn} \dfrac{e^{i(\omega - \omega_{mn})t} - 1}{\omega - \omega_{mn}}$

(3) $|a_m(t)|^2 = \dfrac{e^2 B^2}{\hbar^2} |z_{mn}|^2 \dfrac{\sin^2 \frac{t}{2}(\omega - \omega_{mn})}{(\omega - \omega_{mn})^2}$

Light intensity $= \dfrac{cB^2}{8\pi}$

Comments on resonance

Absorption from continuum overlapping ω_{mn}

(4) $\dfrac{cB^2}{8\pi} = \dfrac{dI}{d\omega} d\omega$ Substitute in (3), then $\int d\omega$

use $\displaystyle\int \dfrac{\sin^2 \alpha x}{x^2} dx = \pi \alpha$

$|a_m|^2 = t \times \dfrac{4\pi^2 e^2}{c\hbar^2} |z_{mn}|^2 \dfrac{dI}{d\omega}$ $\omega = $ ang. frequency, <u>not</u> solid angle !

(5) $\boxed{\text{Rate of absorption} = \dfrac{4\pi^2 e^2}{c\hbar^2} |z_{mn}|^2 \dfrac{dI}{d\omega}}$ factor 1/3 from averaging over direction of polarization

For isotropic radiation of volume energy density $u(\omega) \, d\omega$

(6)   Rate of absorption $= \dfrac{4\pi^2 e^2}{3\hbar^2} |\vec{x}_{mn}|^2 u(\omega_{mn})$

Relationship between emission & absorption could be derived from quantum electrodynamics — However simpler to use Einsteins A & B method

Rate of $n \to m$ ⊗ $B u(\omega) N(n) =$

m

$Bu \uparrow \quad \downarrow A+Cu$

n

From (6)

(7) ⊗ $B = \dfrac{4\pi^2 e^2}{3 \hbar^2} |\vec{x}_{mn}|^2$

Rate of $m \to n$) $[A + C u(\omega)] N(m)$

this B is a coefficient. Has nothing to do with B of page 1

this is number of atoms in state (n) or (m)

forced transitions

Spontaneous transitions

For thermal equilibrium

(8) $\dfrac{N(m)}{N(n)} = e^{-\dfrac{E^{(m)} - E^{(n)}}{kT}} = e^{-\dfrac{\hbar \omega_{mn}}{kT}}$ Boltzmann distribution

At equilibrium: Rate $n \to m$ = Rate $m \to n$

(9) $\dfrac{A}{B u(\omega)} + \dfrac{C}{B} = \dfrac{N_n}{N_m} = e^{\dfrac{\hbar \omega}{kT}}$

Planck's law

(10) $u = \dfrac{\hbar \omega^3 / \pi^2 c^3}{e^{\dfrac{\hbar \omega}{kT}} - 1}$

$\dfrac{\pi^2 c^3}{\hbar \omega^3} \dfrac{B A}{A B} \left(e^{\dfrac{\hbar \omega}{kT}} - 1 \right) + \dfrac{C}{B} = e^{\dfrac{\hbar \omega}{kT}}$

must hold at all T's Therefore:

$\dfrac{\pi^2 c^3}{\hbar \omega^3} \dfrac{B A}{A B} = 1 \qquad \dfrac{C}{B} = 1$

Einstein's relations

(11) $\boxed{A = \dfrac{\hbar \omega^3}{\pi^2 c^3} B \ ; \quad C = B}$ then from ⊗(7)

(12) $\boxed{\dfrac{1}{\tau} = A = \dfrac{4}{3} \dfrac{e^2 \omega^3}{\hbar c^3} |\vec{x}_{mn}|^2}$ for spontaneous transitions

(12) generalized to many particles by change

(13) $\qquad e\vec{x} \rightarrow \sum e_i \vec{x}_i$ (sum to all particles)

(14) $\quad \dfrac{1}{\tau} = \dfrac{4}{3}\dfrac{\omega^3}{\hbar c^3}\left|\sum e_i \langle m|\vec{x}_i|n\rangle\right|^2$

Intensity of radiation proportional to square of matrix element of coordinates (for one electron) or of electric moment (13) for several charged particles.

Discuss — limitations to validity of (12)

$\qquad$ dimensions of atom $\ll \lambdabar$ of radiation

Quadrupole radiation

Case of central forces — Selection rules (see Sect. 7)

Spherical harmonics identities

(15)
$$\sqrt{\tfrac{8\pi}{3}}\, Y_{11}\, Y_{\ell,m-1} = \sqrt{\tfrac{(\ell+m)(\ell+1+m)}{(2\ell+1)(2\ell+3)}}\, Y_{\ell+1,m} - \sqrt{\tfrac{(\ell-m)(\ell+1-m)}{(2\ell+1)(2\ell-1)}}\, Y_{\ell-1,m}$$

$$\sqrt{\tfrac{4\pi}{3}}\, Y_{10}\, Y_{\ell,m} = \sqrt{\tfrac{(\ell+1)^2-m^2}{(2\ell+1)(2\ell+3)}}\, Y_{\ell+1,m} + \sqrt{\tfrac{\ell^2-m^2}{(2\ell+1)(2\ell-1)}}\, Y_{\ell-1,m}$$

$$\sqrt{\tfrac{8\pi}{3}}\, Y_{1,-1}\, Y_{\ell,m+1} = \sqrt{\tfrac{(\ell-m)(\ell+1+m)}{(2\ell+1)(2\ell+3)}}\, Y_{\ell+1,m} - \sqrt{\tfrac{(\ell+m)(\ell+1+m)}{(2\ell+1)(2\ell-1)}}\, Y_{\ell-1,m}$$

(16)
$$\sqrt{\tfrac{8\pi}{3}}\, Y_{11} = -\sin\vartheta\, e^{i\varphi}; \quad \sqrt{\tfrac{4\pi}{3}}\, Y_{10} = \cos\vartheta; \quad \sqrt{\tfrac{8\pi}{3}}\, Y_{1,-1} = \sin\vartheta\, e^{-i\varphi}$$

Follows: The matrix elements of the coordinates vanish unless

(17) $\qquad \ell' = \ell \pm 1$ and $m' = \begin{smallmatrix} m\pm1 \\ \text{or } m \end{smallmatrix}$ $\qquad$ (Selection rules)

Matrix elements

$$(18)\begin{cases} \langle {}^{n'}_{\ell+1}, m+1 | x+iy | {}^{n}_{\ell}, m \rangle = -\mathcal{J}\sqrt{\dfrac{(\ell+2)(\ell+1+m)}{(2\ell+1)(2\ell+3)}} \\[2mm] \langle {}^{n'}_{\ell+1}, m+1 | x-iy | {}^{n}_{\ell}, m \rangle = 0 \\[2mm] \langle n', \ell+1, m | z | n, \ell, m \rangle = \mathcal{J}\sqrt{\dfrac{(\ell+1)^2 - m^2}{(2\ell+1)(2\ell+3)}} \\[2mm] \langle n', \ell+1, m-1 | x+iy | n, \ell, m \rangle = 0 \\[2mm] \langle n', \ell+1, m-1 | x-iy | n, \ell, m \rangle = \mathcal{J}\sqrt{\dfrac{(\ell+1-m)(\ell+2-m)}{(2\ell+1)(2\ell+3)}} \end{cases}$$

$$(19)\qquad \mathcal{J} = \int_0^\infty R_{n\ell}(r)\, R_{n', \ell+1}(r)\, r^3\, dr$$

Derive

$$(20)\begin{cases} |\langle n', \ell+1, m+1 | \vec{x} | n, \ell, m \rangle|^2 + |\langle n', \ell+1, m | \vec{x} | n\,\ell m \rangle|^2 + \\[2mm] + |n', \ell+1, m-1 | \vec{x} | n, \ell, m \rangle|^2 = \dfrac{\ell+1}{2\ell+1}\,\mathcal{J}^2 \quad (\text{indep. of } m) \end{cases}$$

$$(21)\begin{cases} \text{Therefore: rate of transition} \\[1mm] \quad (n, \ell, m) \rightarrow (n', \ell+1; \text{ any } m') \\[1mm] \quad = \dfrac{4}{3}\dfrac{e^2 \omega^3}{\hbar c^3}\dfrac{\ell+1}{2\ell+1}\,\mathcal{J}^2 \end{cases}$$ (Comments on independence of $\underline{m}$)

Similarly

$$(22)\begin{cases} \text{Rate}\left(n, \ell, m \rightarrow n', \ell-1, \text{ any } m\right) = \\[1mm] \quad = \dfrac{4}{3}\dfrac{e^2 \omega^3}{\hbar c^3}\dfrac{\ell}{2\ell-1}\left\{\int_0^\infty R_{n\ell}(r)\, R_{n', \ell-1}(r)\, r^3\, dr\right\}^2 \end{cases}$$

24-5

Example — Life time of $\oint$ 2p state of hydrogen

$$R_{1s}(r) = \frac{2}{a^{3/2}} e^{-r/a} \; ; \quad R_{2p}(r) = \frac{1}{\sqrt{24 a^3}} \frac{r}{a} e^{-r/2a}$$

$$\mathscr{I} = \int R_{1s} R_{2p} r^3 dr = \frac{192 \sqrt{2}}{243} a$$

$$\text{Rate}(2p \to 1s) = \frac{294912}{177147} \frac{e^2 \omega^3 a^2}{\hbar c^3} \;, \quad \omega = \frac{3}{4} \frac{m e^4}{2 \hbar^3}$$

$$= \frac{1152}{6561} \left(\frac{e^2}{\hbar c} \right)^3 \left(\frac{m e^4}{2 \hbar^3} \right) \qquad a = \frac{\hbar^2}{m e^2}$$

$$= 1.41 \times 10^9 \, \text{sec}^{-1} \qquad \frac{e^2}{\hbar c} = \frac{1}{137} \qquad = \frac{\text{Ryd}}{\hbar} = 2.067 \times 10^{16} \, \text{sec}^{-1}$$

Topics for discussion

   Permitted & forbidden lines

   Metastable states

   Generalization of selection rules

   Irradiation by a linear oscillator

   Sum rule & effective number of
     electrons

   Polarization of emitted light

Php 342 - 1954

25 - _Pauli theory of spin._

Int. degree of freedom — dicotomic variable —
Operators on spin variable

(1)
$$\begin{vmatrix} a_{11} & a_{12} \\ a_{21} & a_{22} \end{vmatrix}$$

Search for operators

(2)
$$\sigma_x, \; \sigma_y', \; \sigma_z$$

Normalize them to e.v's ± 1. Then

(2)
$$\sigma_x^2 = \sigma_y^2 = \sigma_z^2 = 1 = \begin{vmatrix} 1 & 0 \\ 0 & 1 \end{vmatrix}$$

Also

(3)
$$(\alpha \sigma_x + \beta \sigma_y + \gamma \sigma_z)^2 = 1 \;) \quad \alpha, \beta, \gamma = \text{direction cosines}$$

(4)
$$\to \sigma_x \sigma_y + \sigma_y \sigma_x = 0, \ldots \quad (\text{Anticommutation})$$

Choose base for σ_z diagonal

(5)
$$\sigma_z = \begin{vmatrix} 1 & 0 \\ 0 & -1 \end{vmatrix}$$

(E) $\sigma_x = \begin{vmatrix} a & b \\ b^* & c \end{vmatrix}$ from $\sigma_x \sigma_z + \sigma_z \sigma_x = 1$ follows

$$\begin{vmatrix} a, & -b \\ b^*, & -c \end{vmatrix} + \begin{vmatrix} a & b \\ -b^* & -c \end{vmatrix} = 0 \longrightarrow \begin{cases} a = c = 0 \end{cases}$$

$$\sigma_x = \begin{vmatrix} 0 & b \\ b^* & 0 \end{vmatrix} \quad \sigma_x^2 = \begin{vmatrix} |b|^2 & 0 \\ 0 & |b|^2 \end{vmatrix} = \begin{vmatrix} 1 & 0 \\ 0 & 1 \end{vmatrix} \longrightarrow |b|^2 = 1$$

B $\sigma_x = \begin{vmatrix} 0 & e^{i\alpha} \\ e^{-i\alpha} & 0 \end{vmatrix}$ Dispose of phases of base
vectors to make $\alpha = 1$. Then

(6)
$$\sigma_x = \begin{vmatrix} 0 & 1 \\ 1 & 0 \end{vmatrix}$$

As above $\sigma_y = \begin{vmatrix} 0 & e^{i\beta} \\ e^{-i\beta} & 0 \end{vmatrix}$, From $\sigma_x \sigma_y + \sigma_y \sigma_x = 0$,
find $e^{i\beta} + e^{-i\beta} = 0$ or $e^{i\beta} = \pm i$

$$\sigma_y = \text{either} \begin{vmatrix} 0 & i \\ -i & 0 \end{vmatrix} \text{ or } \begin{vmatrix} 0 & -i \\ i & 0 \end{vmatrix}$$

Eliminate first choice. Because

(6) $\quad \sigma_z = \begin{vmatrix} 1 & 0 \\ 0 & -1 \end{vmatrix} \quad \sigma_x = \begin{vmatrix} 0 & 1 \\ 1 & 0 \end{vmatrix} \quad \sigma_y = \begin{vmatrix} 0 & i \\ -i & 0 \end{vmatrix}$

First consider in place of $\vec{\sigma}$, $-\vec{\sigma}$ or $\vec{\sigma} \to -\vec{\sigma}$

$$\sigma_z = \begin{vmatrix} -1 & 0 \\ 0 & 1 \end{vmatrix} \quad \sigma_x = \begin{vmatrix} 0 & -1 \\ -1 & 0 \end{vmatrix} \quad \sigma_y = \begin{vmatrix} 0 & -i \\ i & 0 \end{vmatrix}$$

Then unitary transf. $T = \sigma_y$ transforms to standard form of Pauli spin operators

(7) $\quad \sigma_x = \begin{vmatrix} 0 & 1 \\ 1 & 0 \end{vmatrix} ; \quad \sigma_y = \begin{vmatrix} 0 & -i \\ i & 0 \end{vmatrix} ; \quad \sigma_z = \begin{vmatrix} 1 & 0 \\ 0 & -1 \end{vmatrix}$

Check from (7)

(8) $\quad \sigma_x^2 = \sigma_y^2 = \sigma_z^2 = 1 \qquad \vec{\sigma}^2 = \sigma_x^2 + \sigma_y^2 + \sigma_z^2 = 3$

(9) $\quad \sigma_x \sigma_y + \sigma_y \sigma_x = 0 ; \quad \sigma_y \sigma_z + \sigma_z \sigma_y = 0 ; \quad \sigma_z \sigma_x + \sigma_x \sigma_z = 0$

(10) $\quad \sigma_x \sigma_y = i \sigma_z ; \quad \sigma_y \sigma_z = i \sigma_x ; \quad \sigma_z \sigma_x = i \sigma_y$

(11) $\quad [\sigma_x, \sigma_y] = 2i\sigma_z ; \quad [\sigma_y, \sigma_z] = 2i\sigma_x ; \quad [\sigma_z, \sigma_x] = 2i\sigma_y$

or

(12) $\qquad\qquad \vec{\sigma} \times \vec{\sigma} = 2i\vec{\sigma}$

Consider vector

(13) $\qquad\qquad \vec{s} = \frac{\hbar}{2} \vec{\sigma} \quad$ Then,

(14) $\qquad \vec{s} \times \vec{s} = i\hbar \vec{s}$

Identical to ang. rules $(18\text{-}(5))$ or $(20\text{-}(26))$ of ang. mom. vectors. Therefore $\vec{s} = \frac{\hbar}{2}\vec{\sigma} = $ intrinsic ang. mom of electron.

(15) $\begin{cases}$ E.v. of s_x, s_y, s_z are $\pm \frac{\hbar}{2}$

Also $\quad \vec{s}^2 = s_x^2 + s_y^2 + s_z^2 = \frac{\hbar^2}{4} \vec{\sigma}^2 = \frac{3}{4} \hbar^2 = \hbar^2 \frac{1}{2} \times (\frac{1}{2}+1)$

Both mean: Spin angular momentum $= \hbar/2$ $\end{cases}$

Magnetic moment. Zeeman effect requires that spin carries a magn. moment

(16) $\qquad \vec{\mu} = \mu_0 \vec{\sigma} \qquad \mu_0 = \dfrac{e\hbar}{2mc} = $ Bohr magneton

Same conclusion from Dirac relativistic theory of electron. Schwinger (1948) computed radiative correction

(17) $\qquad \mu_0 = \dfrac{e\hbar}{2mc}\left(1 + \dfrac{1}{2\pi}\dfrac{e^2}{\hbar c}\right) = \dfrac{e\hbar}{2mc} \times 1.00116$

in better agreement with expt.

When electron moves in ext. magn. field B ($\parallel$ to z axis) add to Hamiltonian (21-(27)) the term

(18) $\qquad -B\mu_0 \sigma_z = -B \dfrac{e\hbar}{2mc} \sigma_z$

Observe

$$\frac{\text{mag. moment}}{\text{ang. momentum}/\hbar} = \begin{cases} \mu_0 & \text{for orbital motion} \\ 2\mu_0 & \text{for spin} \end{cases}$$

Topics for discussion — Motion of an isolated spin vector in a constant or variable magnetic field. Meaning of direction of spin vector

Phys 342 - 1954   26-1

26- Electron in central field.

(1) Potential $= -eV(r)$

Spin orbit interaction (Classical)

$$E = -\frac{dV}{dr}$$

Apparent mag. field for electron

(2) $\begin{cases} \approx -\dfrac{1}{c}\vec{v}\times\vec{E} \qquad \vec{E} = -\dfrac{dV}{dr}\dfrac{\vec{x}}{r} \\[2mm] = -\dfrac{1}{c}\dfrac{1}{r}\dfrac{dV}{dr}\vec{x}\times\vec{v} = -\dfrac{1}{mc}\dfrac{1}{r}V'(r)\;\vec{M} = -\dfrac{\hbar}{mc}\dfrac{V'(r)}{r}\vec{L} \end{cases}$

(3) $\begin{cases} \vec{M} = orb. \; ang. \; momentum = \hbar\vec{L} \\[2mm] Mag. \; moment \; of \; electron = \mu_0\vec{\sigma} = \cancel{\cdots} = \dfrac{e\hbar}{2mc}\vec{\sigma} \end{cases}$

Mutual energy of intrinsic mag. mom and apparent field

(4) $-\dfrac{V'(r)}{r}\dfrac{\hbar\mu_0}{mc}(\vec{L}\cdot\vec{\sigma}) = \dfrac{-e\hbar^2}{2m^2c^2r}V'(r)(\vec{L}\cdot\vec{\sigma})$ $\boxed{\begin{array}{l}minus\ sign \\ because\ electron \\ negative\end{array}}$

__Thomas correction__. Is a relativistic term that cancels half of (4) — Also from completely relativistic Dirac theory. Inclusion:

spin orbit interaction adopted

(5) $\qquad -\dfrac{\hbar\mu_0}{2mc}\dfrac{V'(r)}{r}(\vec{L}\cdot\vec{\sigma}) = -\dfrac{e\hbar^2}{4m^2c^2}\dfrac{V'(r)}{r}(\vec{L}\cdot\vec{\sigma})$

Hamiltonian of electron

(6) $\quad H = \dfrac{1}{2m}p^2 - eV(r) - \dfrac{e\hbar^2}{4m^2c^2}\dfrac{V'(r)}{r}(\vec{L}\cdot\vec{\sigma})$

Put
(7) $\qquad \vec{S} = \frac{\vec{\sigma}}{2}$ (this = intrinsic spin ang. mom. in unit $\hbar$)

(8) $\begin{cases} H = \frac{1}{2m} p^2 - e V(r) - \frac{e\hbar^2 V'(r)}{2m^2 c^2 r}(\vec{L}\cdot\vec{S}) \\ = H_1 + H_2 (\vec{L}\cdot\vec{S}) \qquad H_1 = \frac{1}{2m} p^2 - e V(r) \end{cases}$

Introduce also $\qquad\qquad H_2 = -\frac{e\hbar^2}{2m^2 c^2}\frac{V'(r)}{r}$

(9) $\qquad \vec{J} = \vec{L} + \vec{S} = $ tot. ang. mom. in $\hbar$ units.

List of commutation properties :

$(10) \begin{cases} \vec{L}\times\vec{L} = i\vec{L} \; ; \; \vec{S}\times\vec{S} = i\vec{S} \\ [L_x, L_y] = i L_z + \text{similar} \quad [L_x, L^2] = 0, \dots \\ [S_x, S_y] = i S_z + \quad " \quad [S_x, S^2] = 0, \dots \end{cases}$

(11) $\begin{cases} [L_x, S_x] = 0 \quad [L_x, S_y] = 0 \quad \text{and similar} \end{cases}$

(12) $\begin{cases} S^2 = \frac{3}{4} \end{cases}$

Follows from (10) (11) (9)

(13) $\qquad \vec{J}\times\vec{J} = i\vec{J}$ or $[J_x, J_y] = i J_z +$ similar

$\vec{J}$ behaves like an ang. mom. vector. From (13)

(14) $\quad [J_x, J^2] = 0$, and similar

(15) $\begin{cases} \text{All components of } \vec{L}, \vec{S}, \vec{J} \text{ and also } L^2, S^2 = \frac{3}{4}, J^2 \\ \text{commute with } H_1, H_2. \end{cases}$

(16) $\qquad [(\vec{L}\cdot\vec{S}), J_x] = 0$

Proof: $[(L_x S_x + L_y S_y + L_z S_z), (L_x + S_x)] = [L_y L_x] S_y + [L_z L_x] S_z +$
$+ [S_y S_x] L_y + L_z [S_z S_x] = -i L_z S_y + i L_y S_z - i L_y S_z + i L_z S_y = 0$

(16) $\begin{cases} \left[(\vec{L}\cdot\vec{S}),\, J^2\right] = 0 \\ \left[(\vec{L}\cdot\vec{S}),\, L^2\right] = 0 \\ \left[(\vec{L}\cdot\vec{S}),\, S^2\right] = 0 \end{cases}$

Therefore
(17) $\left[H, J^2\right] = \left[H, L^2\right] = \left[H, S^2\right] = 0$

Also
(18) $\left[H, (L\cdot S)\right] = 0$

(19) $\left[H, J_x\right] = \left[H, J_y\right] = \left[H, J_z\right] = 0$

(20) $J_0^2 = L^2 + S^2 + 2(L\cdot S)$

Hence
(21) $\left[J^2, L^2\right] = \left[J^2, S^2\right] = 0$

(22) $\left[J_z, L^2\right] = \left[J_z, S^2\right] = \left[J_z, J^2\right] = 0$

First characterize state by making diagonal following intercommuting quantities

23 $\begin{cases} H_1,\, H_2,\, L^2 = l(l+1),\, S^2 = \dfrac{3}{4},\, L_z = m_\ell,\, S_z = m_s \\ \quad m_\ell = l,\, l-1,\, \cdots,\, -l+1,\, -l \qquad\qquad J_z = m_\ell + m_s = m \\ \quad m_s = \pm \tfrac{1}{2} \qquad l-\tfrac{1}{2} \leq J_z \leq l+\tfrac{1}{2} \end{cases}$

H in general $\underline{not}$ diagonal because $(L\cdot S)$ does not commute with L_z or S_z. But $\left[(L\cdot S), J_z\right] = 0$

Therefore $(L\cdot S)$ mixes states of same $J_z = m$ and different L_z, S_z. Two such states:

$$L_z = m - \tfrac{1}{2}, \quad S_z = \tfrac{1}{2} \quad \text{state} \quad |m - \tfrac{1}{2}, \tfrac{1}{2}\rangle$$

and

$$L_z = m + \tfrac{1}{2} \quad S_z = -\tfrac{1}{2} \quad \text{state} \quad |m + \tfrac{1}{2}, \tfrac{1}{2}\rangle$$

(24)

$$|m - \tfrac{1}{2}, \tfrac{1}{2}\rangle = \psi_{m-\frac{1}{2}, \frac{1}{2}} = f(r) Y_{\ell, m-\frac{1}{2}} \begin{vmatrix} 1 \\ 0 \end{vmatrix}$$

$$|m + \tfrac{1}{2}, \tfrac{-1}{2}\rangle = \psi_{m+\frac{1}{2}, \frac{1}{2}} = f(r) Y_{\ell, m+\frac{1}{2}} \begin{vmatrix} 0 \\ 1 \end{vmatrix}$$

Find from lects (18 especially (17) (18)) and

(25) $\left\{ \begin{array}{l} \text{lect (25)} \\ \text{use} \end{array} \right.$ $S_x + i S_y = \begin{vmatrix} 0 & 1 \\ 0 & 0 \end{vmatrix}$ $S_x - i S_y = \begin{vmatrix} 0 & 0 \\ 1 & 0 \end{vmatrix}$ $S_z = \begin{vmatrix} 1 & 0 \\ 0 & -1 \end{vmatrix}$

(26) $\left\{ (L \cdot S) = \tfrac{1}{2}(L_x + i L_y)(S_x - i S_y) + \tfrac{1}{2}(L_x - i L_y)(S_x + i S_y) + L_z S_z \right.$

(27) $\left\{ \begin{array}{l} (L_x + i L_y) Y_{\ell, m-\frac{1}{2}} = \sqrt{(\ell + \tfrac{1}{2})^2 - m^2} \, Y_{\ell, m+\frac{1}{2}} \\[2mm] (L_x - i L_y) Y_{\ell, m+\frac{1}{2}} = \sqrt{(\ell + \tfrac{1}{2})^2 - m^2} \, Y_{\ell, m-\frac{1}{2}} \end{array} \right.$ $\quad \left(m \pm \tfrac{1}{2} = \text{integral number} \right)$

(28) $\left\{ \begin{array}{ll} (S_x + i S_y) \begin{vmatrix} 1 \\ 0 \end{vmatrix} = 0 & (S_x + i S_y) \begin{vmatrix} 0 \\ 1 \end{vmatrix} = \begin{vmatrix} 1 \\ 0 \end{vmatrix} \\[3mm] (S_x - i S_y) \begin{vmatrix} 0 \\ 1 \end{vmatrix} = 0 & (S_x - i S_y) \begin{vmatrix} 1 \\ 0 \end{vmatrix} = \begin{vmatrix} 0 \\ 1 \end{vmatrix} \end{array} \right.$

Find

(29) $\left\{ \begin{array}{l} (L \cdot S) |m - \tfrac{1}{2}, \tfrac{1}{2}\rangle = \tfrac{1}{2}(m - \tfrac{1}{2}) |m - \tfrac{1}{2}, \tfrac{1}{2}\rangle + \tfrac{1}{2}\sqrt{(\ell + \tfrac{1}{2})^2 - m^2} \, |m + \tfrac{1}{2}, \tfrac{-1}{2}\rangle \\[3mm] (L \cdot S) |m + \tfrac{1}{2}, -\tfrac{1}{2}\rangle = \tfrac{1}{2}\sqrt{(\ell + \tfrac{1}{2})^2 - m^2} \, |m - \tfrac{1}{2}, \tfrac{1}{2}\rangle - \tfrac{1}{2}(m + \tfrac{1}{2}) |m + \tfrac{1}{2}, \tfrac{-1}{2}\rangle \end{array} \right.$

(30) $\quad (L \cdot S) = \begin{Vmatrix} \tfrac{1}{2}(m - \tfrac{1}{2}), & \tfrac{1}{2}\sqrt{(\ell + \tfrac{1}{2})^2 - m^2} \\[2mm] \tfrac{1}{2}\sqrt{(\ell + \tfrac{1}{2})^2 - m^2}, & -\tfrac{1}{2}(m + \tfrac{1}{2}) \end{Vmatrix}$

$e, v\text{'s}$ of $(\vec{L} \cdot \vec{S})$ ~~area~~ & corresp $e.f\text{'s}$ are

$$(31) \quad \begin{cases} \vec{L} \cdot \vec{S} = \frac{1}{2} l \quad \text{with } e.f \text{ (normalized)} \\[2mm] \sqrt{\frac{1}{2} + \frac{m}{2l+1}} \; \left| m - \frac{1}{2}, \frac{1}{2} \right\rangle + \sqrt{\frac{1}{2} - \frac{m}{2l+1}} \; \left| m + \frac{1}{2}, \frac{-1}{2} \right\rangle \end{cases}$$

and

$$(32) \quad \begin{cases} \vec{L} \cdot \vec{S} = -\frac{1}{2}(l+1) \quad \text{with normalized } e.f. \\[2mm] -\sqrt{\frac{1}{2} - \frac{m}{2l+1}} \; \left| m - \frac{1}{2}, \frac{1}{2} \right\rangle + \sqrt{\frac{1}{2} + \frac{m}{2l+1}} \; \left| m + \frac{1}{2}, \frac{-1}{2} \right\rangle \end{cases}$$

$e, v\text{'s}$ of J^2 from (20) (31) (32)

$$(33) \quad \begin{cases} \text{for } L \cdot S = \frac{l}{2}, \quad J^2 = l(l+1) + \frac{3}{4} + l = \left(l + \frac{1}{2}\right)\left(l + \frac{1}{2} + 1\right) \\ s \parallel \text{to } l \text{ or vector model}, \quad J = l + \frac{1}{2} \\ J^2 = J(J+1). \; e.f \text{ is (31)}. \end{cases}$$

$$(34) \quad \begin{cases} \text{for } L \cdot S = -\frac{1}{2}(l+1), \quad J^2 = l(l+1) + \frac{3}{4} - l - 1 = \left(l - \frac{1}{2}\right)\left(l - \frac{1}{2}\right) \\ \text{Spin antiparallel to } l, \; J = l - \frac{1}{2} \\ \qquad e.f \text{ is (32).} \qquad\qquad J^2 = J(J+1) = l^2 - \frac{1}{4} \end{cases}$$

Doublet splitting of energy levels. From (8)

$$(35) \quad -\frac{e \hbar^2}{2 m^2 c^2} \frac{V'(r)}{r} (L \cdot S) \text{ treated as perturbation, yields}$$

energy perturbation $\quad \overset{\text{this, usually, positive}}{\swarrow} \quad \overset{R_\ell = \text{radial wave function}}{\swarrow}$

$$(36) \quad \delta E = \left\{ \frac{e^2 \hbar^2}{2 m^2 c^2} \iint \left\{ V'(r) \right\} R_\ell^2(r) \, r \, dr \right\} \times \begin{cases} l/2 & \text{for } J = l + \frac{1}{2} \\ \quad or \\ -(l+1)/2 & \text{for } J = l - \frac{1}{2} \end{cases}$$

Doublet spectrum (Typical case alkali atoms)

Ⓢ $l=0$ J   Ⓟ $l=1$ J   Ⓓ $l=?$ J

Notation $s_{1/2}$, $p_{1/2}$, $p_{3/2}$, $d_{3/2}$, $d_{5/2}$

—— $\downarrow$ $1/2$ $=$ $3/2$ $1/2$ $=$ $5/2$ $3/2$

—— $1/2$

$=$ $3/2$ $1/2$

—— $1/2$ D lines of sodium $\lambda = 5890 \ \overset{\circ}{A}$ and $\lambda = 5896 \ \overset{\circ}{A}$

Case of $n=2$ levels of hydrogen. From last. 8

$$E = -\frac{me^4}{2\hbar^2 \times 2^2} \quad \text{for } 2s + 2p \text{ levels.}$$

Spin perturbation (36) $(\delta_1 E)$

(37) $\begin{cases} \delta_1 E(2s) = 0 \quad \delta_1 E(2p) = \begin{cases} \frac{e^2 \hbar^2}{48 m^2 c^2} \frac{1}{a^3} \begin{cases} 1/2 \\ -1 \end{cases} \end{cases} \\ \\ 2s_{1/2} \text{——} \quad 2p_{3/2} \text{——} \quad \overset{\wedge}{\underset{\vee}{}} \alpha 1/2 \quad \boxed{\text{Use } R_{2p} = \frac{r\, e^{-r/2a}}{\sqrt{24 a^5}}} \\ \\ \quad\quad\quad\quad 2p_{1/2} \text{——} \quad \overset{\vee}{} \alpha -1 \quad \text{and } V = \frac{e}{r} \text{ in (36)} \end{cases}$

Relativity perturbation $(\delta_2 E)$

(38) kin. energy $= \sqrt{m^2 c^4 + c^2 p^2} - mc^2 = \frac{p^2}{2m} - \frac{p^4}{8m^3 c^2} + \cdots$

(39) Perturbation $= -\frac{1}{8m^3 c^2} p^4 = -\frac{\hbar^4}{8m^3 c^2} (\nabla^2)^2$

(40) $\begin{cases} \text{One finds using first approx. perturbation theory} \\ \delta_2 E(2s) = -\frac{5}{128} \frac{e^8 m}{\hbar^4 c^2} \quad\quad \delta_2 E(2p) = -\frac{7}{384} \frac{e^8 m}{\hbar^4 c^2} \end{cases}$

(See for general formulas: Schiff p. 325, 326)

$$\delta_1(E_{2s}) + \delta_2(E_{2s}) = -\frac{5}{128}\frac{e^8 m}{\hbar^4 c^2} \qquad \longleftarrow \quad !\,!$$

$$\delta_1(E_{2p_{1/2}}) + \delta_2(E_{2p_{1/2}}) = \left(-\frac{1}{48} - \frac{7}{384}\right)\frac{e^8 m}{\hbar^4 c^2} = -\frac{5}{128}\frac{e^8 m}{\hbar^4 c^2}$$

$$\delta_1(E_{2p_{3/2}}) + \delta_2(E_{2p_{3/2}}) = \left(\frac{1}{96} - \frac{7}{384}\right)\frac{e^8 m}{\hbar^4 c^2} = -\frac{1}{128}\frac{e^8 m}{\hbar^4 c^2}$$

Qualitative comments on Lamb shift:

Bethe formula for Lamb shift of ns-levels

$$\frac{8}{3\pi n^3}\frac{m e^4}{2\hbar^2}\left(\frac{e^2}{\hbar c}\right)^3 \overline{\ln\frac{m c^2}{|E_n - E_s|}} + \text{higher order corrections}$$

27 - <u>Anomalous Zeeman effect.</u>

To prev. case add mag. field B ‖ to z

Magn. energy

(1) $B\mu_0 (L_z + 2S_z)$

Unpert. hamiltonian

(2) $H_1 = \dfrac{p^2}{2m} - eV(r)$

Perturbation

(3) $\mathcal{H} = \dfrac{e\hbar^2}{2m^2c^2} \dfrac{-V'(r)}{r} (\vec{L}\cdot\vec{S}) + B\mu_0 (L_z + 2S_z)$

(4) $\Big\{$ Observe $L^2,\ S^2 = \dfrac{3}{4},\ m = L_z + S_z$ commute

$\Big\{$ with $\mathcal{H}$, ~~~~~~~

$\Big\{$ Unperturbed problem has $2l$-fold deg.

(5) $\Big\{$ Unpert. e.f's

$\qquad R_l(r)\, Y_{em}(\theta,\varphi) \times$ spin $\begin{pmatrix} up \\ or \\ down \end{pmatrix}$

Clet Coeff of expression (26-(36))

(6) $k = \dfrac{e\hbar^2}{2m^2c^2} \int (-V'(r))\, R_l^2(r)\, r\, dr$

Pert. matrix mixes states (26-(24)) see also (26-(39))

(7) $\dfrac{k}{2} \begin{vmatrix} m-\frac{1}{2} & \sqrt{(l+\frac{1}{2})^2 - m^2} \\ \sqrt{(l+\frac{1}{2})^2 - m^2}\ , & -m-\frac{1}{2} \end{vmatrix} + B\mu_0 \begin{vmatrix} m+\frac{1}{2} & 0 \\ 0 & m-\frac{1}{2} \end{vmatrix}$

Find eigenvalues as roots of

(8) $\quad x^2 + \left(\frac{k}{2} - 2B\mu_0 m\right)x + \left(m^2 - \frac{1}{4}\right)B^2\mu_0^2 - B\mu_0 km - \frac{k^2}{4}\ell(\ell+1) = 0$

(9) $\quad \delta E = -\frac{k}{4} + B\mu_0 m \pm \frac{1}{2}\sqrt{k^2\left(\ell+\frac{1}{2}\right)^2 + 2B\mu_0 km + B^2\mu^2}$

(9) valid for $|m| \le \ell - \frac{1}{2}$,

for $m = \pm\left(\ell+\frac{1}{2}\right)$, $\delta E = \frac{k}{2}\ell \pm B\mu_0(\ell+1)$

For $\quad B\mu_0 \ll k$

(10) $\quad \delta E = \begin{cases} \dfrac{k}{2}\ell + B\mu_0 m \dfrac{2\ell+2}{2\ell+1} & -\ell-\frac{1}{2} \le m \le \ell+\frac{1}{2} \\[2mm] -\dfrac{k}{2}(\ell+1) + B\mu_0 m \dfrac{2\ell}{2\ell+1} & -\ell+\frac{1}{2} \le m \le \ell-\frac{1}{2} \end{cases}$

For $B\mu_0 \gg k$

(11) $\quad \delta E = \begin{cases} B\mu_0\left(m+\frac{1}{2}\right) \\[2mm] B\mu_0\left(m-\frac{1}{2}\right) \end{cases}$

For $\ell = 1$

28 - Addition of ang. momentum vectors.

(1) $\quad \vec{L}$, $\vec{S}$, $\vec{L} + \vec{S} = \vec{J}$

Assume

(2) $\quad [\vec{L}, \vec{S}] = 0$ $\qquad \left(\begin{array}{l} L \text{ orbital} \\ S \text{ spin} \\ J \text{ total} \end{array}\right)$

(3) $\quad \vec{L} \times \vec{L} = i \vec{L}$, $\vec{S} \times \vec{S} = i \vec{S}$ $\qquad \boxed{\hbar = 1}$

Follows

(4) $\qquad \vec{J} \times \vec{J} = i \vec{J}$

Two intercommuting sets of operators:

(5) Set a) $\quad L^2, S^2, L_z, S_z$

(6) Set b) $\quad L^2, S^2, J^2, J_z$

First: operators (a) diagonal

(7) $\begin{cases} \quad L^2 = l(l+1) \qquad S^2 = s(s+1) \\ \quad L_z = \lambda \qquad\qquad S_z = \mu. \\ \lambda = -l, -l+1, \ldots, l-2, l-1, l \\ \mu = -s, -s+1, \ldots, s-1, s \end{cases}$

l, s are integrals or half odd numbers when l is the result orbital ang. mom l is integral. When s is the resultant spin s is integral for even number of electrons, half odd for odd number of electrons.

An eigenvector for (7)

(8) $\begin{cases} \quad |L_z = \lambda, S_z = \mu\rangle \\ \text{or briefly} \quad |\lambda, \mu\rangle . \quad (2l+1) \times (2s+1) \text{ such vectors} \end{cases}$

Representation with vectors $|\lambda, \mu\rangle$ transformed now to a new one with set (6)

Operators for (6) diagonal

$$(9)\begin{cases} L^2 = l(l+1) \qquad S^2 = s(s+1) \\[4pt] J^2 = j(j+1) \qquad J_z = L_z + S_z = m \\[4pt] j = \text{integer or half odd} \\[4pt] m = -j, -j+1, \cdots, j-2, j-1, j \end{cases}$$

Eigenvectors for (9)

$$(10)\begin{cases} \left| J^2 = j(j+1); \ J_z = m \right\rangle \quad \text{or briefly} \\[6pt] \left| j, m \right\rangle \end{cases}$$

Question: Given l, s what are the possible values of j?

(11) Vector model rule $\qquad j = l+s, l+s-1, \cdots, |l-s|$

Hint of proof:
$$m = \lambda + \mu \qquad \lambda \le l, \ \mu \le s$$

(12) $m \le l+s$ Therefore $j_{max} = l+s$

Observe

(13) $\qquad \left| \lambda = l, \mu = s \right\rangle = \ \left| j = l+s, m = l+s \right\rangle$

(14) $\begin{cases} \text{Apply to (13)} \quad J_- = J_x - iJ_y = L_x - iL_y + S_x - iS_y \\[4pt] \text{to obtain successively} \\[4pt] \left| j = l+s, m = l+s \right\rangle, \ \left| j = l+s, m = l+s-1 \right\rangle, \cdots, \left| j = l+s, m = -j \right\rangle \end{cases}$

These are $2(l+s)+1$ eigenvectors of type (10)

$m = l+s-1$ possible in two ways

(15) $\quad |\lambda = l-1, \mu = s\rangle$ or $|\lambda = l, \mu = s-1\rangle$

One linear comb. already under (14), other lin. comb. has

(16) $\begin{cases} |j = l+s-1, m=j\rangle \\ | \quad " \qquad\quad j-1\rangle \\ | \quad " \qquad\quad j-2\rangle \\ \quad\vdots \qquad\qquad\;\; -j\rangle \end{cases}$ $\leftarrow$ apply J_- to form $2(l+s)-1$ eigen vector of type (10)

and so forth.

Clebsch — Gordan coefficients

(17) $\begin{cases} \langle \lambda, \mu | j, m\rangle = 0 \quad \text{for } \lambda+\mu \neq m \\ \langle \lambda, m-\lambda | j, m\rangle \text{ obtained by following} \end{cases}$

above procedure — General formulas are extremely complicated. Important special cases: $s = 1/2$ $\quad$ (See (26- (31) (32))

$$\boxed{S = 1/2}$$

(18)

	$l_z = m-\frac{1}{2}$ $s_z = \frac{1}{2}$	$l_z = m+\frac{1}{2}$ $s_z = -\frac{1}{2}$
$j = l+\frac{1}{2}$	$\sqrt{\frac{1}{2} + \frac{m}{2l+1}}$	$\sqrt{\frac{1}{2} - \frac{m}{2l+1}}$
$j = l-\frac{1}{2}$	$-\sqrt{\frac{1}{2} - \frac{m}{2l+1}}$	$\sqrt{\frac{1}{2} + \frac{m}{2l+1}}$

(19)

$$\boxed{S=1}$$

	$l_z = m-1$ $s_z = 1$	$l_z = m$ $s_z = 0$	$l_z = m+1$ $s_z = -1$
$j = l+1$	$\sqrt{\dfrac{(l+m)(l+m+1)}{(2l+1)(2l+2)}}$	$\sqrt{\dfrac{(l-m+1)(l+m+1)}{(2l+1)(l+1)}}$	$\sqrt{\dfrac{(l-m)(l-m+1)}{(2l+1)(2l+2)}}$
$j = l$	$-\sqrt{\dfrac{(l+m)(l-m+1)}{2l(2l+1)}}$	$\dfrac{m}{\sqrt{l(l+1)}}$	$\sqrt{\dfrac{(l-m)(l+m+1)}{2l(l+1)}}$
$j = l-1$	$\sqrt{\dfrac{(l-m)(l-m+1)}{2l(2l+1)}}$	$-\sqrt{\dfrac{(l-m)(l+m)}{l(2l+1)}}$	$\sqrt{\dfrac{(l+m+1)(l+m)}{2l(2l+1)}}$

More similar formulas in Condon & Shortley

Value of $\vec{L} \cdot \vec{S}$

(20) $\qquad \vec{L} \cdot \vec{S} = \frac{1}{2}\{ j(j+1) - l(l+1) - s(s+1) \}$

Because $\qquad \vec{L} + \vec{S} = \vec{J}$

$$\vec{J}^2 = \vec{L}^2 + \vec{S}^2 + 2\vec{L}\cdot\vec{S}$$

Observe: (20) independent of $\underline{m}$! more general

• Theorem: Classify e.f.'s by

(21) $\qquad\qquad |n, j, m\rangle$

Let A a rotation invariant operator.
(Means $[A, \vec{J}] = 0$). Then:

(22) $\langle n', j', m' | A | n, j ; m \rangle = \delta_{j, j'} \, \delta_{m, m'} \, f(n, n'; j)$

Comments & connection with Wigner theorem p. 20-4

<u>Theorem's on matrix elements of a vector operator $\vec{A}$</u>

(23) $\begin{cases} \langle n' j', m' | \vec{A} | n, j, m \rangle = 0 \text{ except when} \\ \qquad\qquad j' = j+1, j, j-1 \\ \qquad\qquad m' = m+1, m, m-1 \\ \text{also} \\ \langle n', 0, 0 | \vec{A} | n, 0, 0 \rangle = 0 \end{cases}$

Comments on <u>selection rules for optical transitions</u>

(24) $\begin{cases} \text{Permitted transitions:} \quad j \begin{smallmatrix} \nearrow j+1 \\ \rightarrow j \\ \searrow j-1 \end{smallmatrix} \qquad m \begin{smallmatrix} \nearrow m+1 \\ \rightarrow m \\ \searrow m-1 \end{smallmatrix} \\ \\ \qquad\qquad\qquad j=0 \rightarrow j=0 \text{ forbidden} \end{cases}$

(25) $\begin{cases} \text{Selection rule for parity: for permitted} \\ \text{transitions, change of parity.} \end{cases}$

(This is because electric moment is a polar
vector)

Discuss: selection rules for electric quadrupole,
magnetic dipole, etc...

(26) $\begin{cases} \text{The matrix elements of the components of a} \\ \text{vector are expressed as the product of } \cancel{\text{a vector}} \\ \text{a function} \qquad f(n, n', j, j') \\ \text{times certain expression that depend on } \begin{smallmatrix} j, j' \\ m, m' \end{smallmatrix}, \text{ and the component chosen.} \end{cases}$

Only different from zero

$$\langle m+1|X+iY|m\rangle \; , \; \langle m|Z|m\rangle \; , \; \langle m-1|X-iY|m\rangle$$

(explain)

$$X,Y,Z = \text{components of } \vec{A}$$

(27) $\begin{cases} \text{Transitions } j\to j+1 \\[4pt] \langle m+1|X+iY|m\rangle \propto -\sqrt{(j+m+1)(j+m+2)} \\[4pt] \langle m|Z|m\rangle \propto \sqrt{(j-m+1)(j+m+1)} \\[4pt] \langle m-1|X-iY|m\rangle \propto \sqrt{(j-m+1)(j-m+2)} \end{cases}$

(28) $\begin{cases} \text{Transitions } j\to j \\[4pt] \langle m+1|X+iY|m\rangle \propto \sqrt{(j+m+1)(j-m)} \\[4pt] \langle m|Z|m\rangle \propto m \\[4pt] \langle m-1|X-iY|m\rangle \propto \sqrt{(j-m+1)(j+m)} \end{cases}$

(29) $\begin{cases} \text{Transitions } j\to j-1 \\[4pt] \langle m+1|X+iY|m\rangle \propto -\sqrt{(j-m-1)(j-m)} \\[4pt] \langle m|Z|m\rangle \propto -\sqrt{j^2-m^2} \\[4pt] \langle m-1|X-iY|m\rangle \propto \sqrt{(j+m)(j+m-1)} \end{cases}$

Warning. Proportionality coefficients are different for (27)(28)(29).

Observe: in all 3 cases above

$$\begin{cases} \sum_m |\langle m'|X|m\rangle|^2 + |\langle m'|Y|m\rangle|^2 + |\langle m'|Z|m\rangle|^2 \text{ is} \\ \text{independent of } m. \text{ Comments on equal life time of states with different } m. \end{cases}$$

29 - Atomic multiplets

Qualitative discussion

(1) $\begin{cases} H = H_1 + H_2 \ (\vec{L} \cdot \vec{S}) \\ H_1, H_2 \ \text{commute with } \vec{L} \text{ and } \vec{S}. \text{ Then} \\ H \text{ commutes with } \vec{L}^2, \vec{S}^2, \vec{J}^2, J_z \end{cases}$

Use $(28-(20))$

(2) $\vec{L} \cdot \vec{S} = \frac{1}{2} \left\{ J(J+1) - L(L+1) - S(S+1) \right\}$

(3) $\begin{cases} \text{note change of notation to usual spectroscopic} \\ \text{notation } \vec{L}, \vec{S}, \vec{J} \text{ are vector operators} \\ \qquad\qquad L, S, J \text{ are numbers (integers or halfodd)} \end{cases}$

(4) $\begin{cases} \text{Then for fixed values of } L, S \\ \qquad |L-S| \leq J \leq L+S \qquad J \text{ by integral steps} \end{cases}$

For a set of levels with n, L, S fixed

(5) $\quad H = H_1 + \frac{1}{2} H_2 \left\{ J(J+1) - L(L+1) - S(S+1) \right\}$

Assume H_2 small, then perturbation theory with H_1 diagonal (together with $\vec{L}^2, \vec{S}^2, \vec{J}$). For an isolated group of levels $H_1 \& H_2$ behave like numbers $H_2 \rightarrow$ its mean value $H_1 \rightarrow$ its diagonal value.

There is in multiplet one distinct energy level of each J value. From (4) J takes $2S+1$ values for $S \leq L$ or $2L+1$ values for $S > L$. However always called $(2S+1)$-plet. $S = 0$, singlet; $S = \frac{1}{2}$, doublet

$S = 1$, triplet ; ...

(6) $\begin{cases} H_2 > 0 & \text{normal multiplet} \\ H_2 < 0 & \text{inverted multiplet} \end{cases}$

value of L, by letter $S, P, D \ldots$

Notation ' $^3D_1$ and similar $^{2S+1}L_J$

Normal D - triplet

$^3D_3$ ⎯⎯ •••

$\cdots\cdots$ $3H_2$

$^3D_2$ ⎯⎯

$2H_2$

$^3D_1$ ⎯⎯

> Note: Interval rule ⎯
> The spacing between two
> levels of multiplet ~~with the~~ number
> J and $J+1$ is $\propto J+1$

Each of the multiplet levels is $2J+1$ fold

Degeneracy removed by magn. field $B \parallel z$,

This adds to energy perturbation term

(7) $\quad H_3 = B\mu_0 (L_z + 2 S_z) = B\mu_0 (J_z + S_z) =$

$\qquad\qquad = B\mu_0 (m + S_z)$

Assume

(8) $\qquad\qquad H_3 \ll H_2$

Then first approx pert. theory. Observe

$\qquad [H_3, J_z] = 0$

therefore no mixing of $2J+1$ degenerate

terms. Then

(9) $\qquad \delta E_3 = \langle J, m | H_3 | J, m \rangle =$

$\qquad\qquad = B\mu_0 \big(m + \langle J, m | S_z | J, m \rangle \big)$

From $(28-(28))$

(10) $\qquad \langle J,m \mid S_z \mid J,m \rangle = \dfrac{\langle J,J \mid S_z \mid J,J \rangle}{J}\, m$

Also

(11) $\qquad \langle J,J \mid S_z \mid J,J \rangle = \dfrac{S(S+1) + J(J+1) - L(L+1)}{2(J+1)}$

Outline of proof: From $\vec{L} = \vec{J} - \vec{S}$

$2\,\vec{J}\cdot\vec{S} = J(J+1) + S(J+1) - L(L+1)$

$2\,\vec{J}\cdot\vec{S} = 2\,J_z S_z + S_- J_+ + S_+ J_-$ $\qquad J_\pm = J_x \pm i\,J_y$
$\qquad\qquad\qquad\qquad\qquad\qquad\qquad S_\pm = S_x \pm i\,S_y$
$\quad = 2\,(J_z+1)S_z + S_- J_+ + J_- S_+ \longleftarrow$ use $S_x S_y - S_y S_x = i\,S_z$

Use $J_+ \mid J,J \rangle = 0$ $\qquad \langle J,J \mid J_- = 0$

Find

$\langle J,J \mid 2\,\vec{J}\cdot\vec{S} \mid J,J \rangle = 2\,(J+1)\langle J,J \mid S_z \mid J,J \rangle$, hence proof

Then

(12) $\qquad \delta E_3 = B \mu_0\, g\, m$

(13) $\begin{cases} g = 1 + \dfrac{J(J+1) + S(S+1) - L(L+1)}{2J(J+1)} \\ g = \frac{3}{2} + \frac{S(S+1) - L(L+1)}{2J(J+1)} \end{cases}$ $\qquad \left(\begin{array}{c} \text{Landé} \\ g\text{-factor} \end{array} \right)$

Compare with $(27-(10))$ for case $S = \frac{1}{2}$

For discussion

$\begin{cases} \text{Limiting case} \\ \qquad B\mu_0 \gg H_2 \\ (\text{Paschen Back effect}) \end{cases}$

29-4

Selection & polarization rules from $(28-(27)(28)(29))$

For permitted transitions

(15) $J \begin{cases} \nearrow J+1 \\ \rightarrow J \\ \searrow J-1 \end{cases}$ ($J = 0 \rightarrow 0 = J$ forbidden)

(16) $\begin{cases} m \rightarrow m & \text{polarized } \| \\ m \rightarrow m+1 & \text{polarized } \circlearrowleft \\ m \rightarrow m-1 & \| \quad \circlearrowright \end{cases}$ } both $\perp$

also parity rule

(17) even $\rightarrow$ odd
odd $\rightarrow$ even

weaker selection rules

(18) $\begin{cases} S \rightarrow S \\ L \begin{cases} \nearrow L+1 \\ \rightarrow L \\ \searrow L-1 \end{cases} \end{cases}$ } especially for light elements

Topics for discussion.

General data on atomic structure, Screening

Pauli principle (as empirical rule)

Atomic shells (table on next page)

Spectra of Alkali's, Alkaline earths and earths. Spectral series. Spectra of ions.

Electrons & holes in a shell.

Hyperfine structure
multiplets

Electron Orbits of Atoms

L =	n=1 K	n=2 L		n=3 M			n=4 N				n=5 O					n=6 P						n=7 Q						
	0	0	1	0	1	2	0	1	2	3	0	1	2	3	4	0	1	2	3	4	5	0	1	2	3	4	5	6
1 H	1																											
2 He	2																											
3 Li	2	1																										
4 Be	2	2																										
5 B	2	2	1																									
10 Ne	2	2	6																									
11 Na	2	2	6	1																								
12 Mg	2	2	6	2																								
13 Al	2	2	6	2	1																							
18 A	2	2	6	2	6																							
19 K	2	2	6	2	6		1																					
20 Ca	2	2	6	2	6		2																					
29 Cu	2	2	6	2	6	10	1																					
30 Zn	2	2	6	2	6	10	2																					
31 Ga	2	2	6	2	6	10	2	1																				
36 Kr	2	2	6	2	6	10	2	6																				
37 Rb	2	2	6	2	6	10	2	6			1																	
38 Sr	2	2	6	2	6	10	2	6			2																	
47 Ag	2	2	6	2	6	10	2	6	10		1																	
48 Cd	2	2	6	2	6	10	2	6	10		2																	
49 In	2	2	6	2	6	10	2	6	10		2	1																
54 X	2	2	6	2	6	10	2	6	10		2	6																
55 Cs	2	2	6	2	6	10	2	6	10		2	6				1												
56 Ba	2	2	6	2	6	10	2	6	10		2	6				2												
79 Au	2	2	6	2	6	10	2	6	10	14	2	6	10			1												
80 Hg	2	2	6	2	6	10	2	6	10	14	2	6	10			2												
81 Tl	2	2	6	2	6	10	2	6	10	14	2	6	10			2	1											
86 Em	2	2	6	2	6	10	2	6	10	14	2	6	10			2	6											
87 ---	2	2	6	2	6	10	2	6	10	14	2	6	10			2	6					1						
88 Ra	2	2	6	2	6	10	2	6	10	14	2	6	10			2	6					2						
92 U	2	2	6	2	6	10	2	6	10	14	2	6	10	3		2	6	1				2						
100 ---	2	2	6	2	6	10	2	6	10	14	2	6	10	11		2	6	1				2						

29.-6

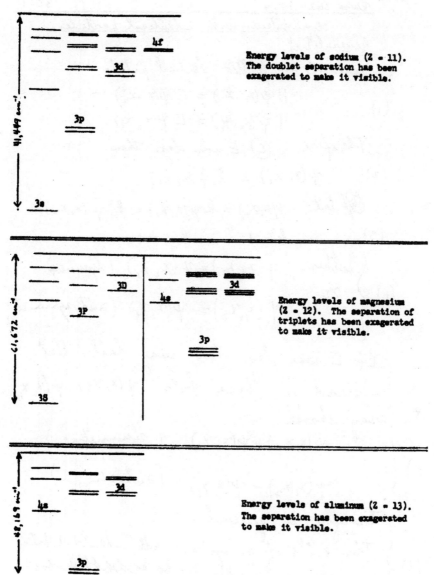

Energy levels of sodium (Z = 11). The doublet separation has been exagerated to make it visible.

Energy levels of magnesium (Z = 12). The separation of triplets has been exagerated to make it visible.

Energy levels of aluminum (Z = 13). The separation has been exagerated to make it visible.

30 - <u>Systems with identical particles</u>

Generalities.

Case of two ~~fields~~ identical prtcls

(1)
$$H \psi(x_1, x_2) = E \psi(x_1, x_2)$$
$$H \psi(x_2, x_1) = E \psi(x_2, x_1)$$

Therefore ⓔ E non deg. then

(2) $\psi(x_1 x_2) = k \psi(x_2 x_1)$

~~but~~ but $\psi(x_1 x_2) = k \psi(x_2 x_1) = k^2 \psi(x_1 x_2)$

(3) $k^2 = 1$ $k = \pm 1$

(4) $\begin{cases} \text{Either} & \psi(x_1, x_2) = \psi(x_2 x_1) \ (\text{symmetric}) \\ \text{or} & \\ & \psi(x_1, x_2) = -\psi(x_2, x_1) \ (\text{antisymmetric}) \end{cases}$

If E was deg. two may fail. But
instead of base fcts $\psi(x_1, x_2), \psi(x_2 x_1)$
may choose

(5) $\begin{cases} & \psi(x_1 x_2) + \psi(x_2 x_1) \quad (\text{symmetric}) \\ \text{or} & \\ & \psi(x_1 x_2) - \psi(x_2 x_1) \quad (\text{antisym}) \end{cases}$

Therefore in general.

(6) $\begin{cases} \text{The e.f.'s of a system with two identical prtcls} \\ \text{may always be taken to be ~~abdel there~~} \\ \text{~~can~~ either symmetric or antisymmetric} \end{cases}$

(7) $\begin{cases}\end{cases}$ <u>Theorem</u>. If $\psi(x_1, x_2, 0)$ is (anti)symmetric, so is
$$\psi(x_1, x_2, t)$$
Because

(8) $H \begin{Bmatrix} \text{sym} \text{ function} \\ \text{antisym function} \end{Bmatrix} = \begin{Bmatrix} \text{sim} \\ \text{antism} \end{Bmatrix} \text{functi}$

Then

$$\dot{\psi} = \frac{1}{i\hbar} H \psi \quad \text{has same symmetry} \\ \text{of } \psi.$$

Then proof by induction from t to $t + dt$

<u>Postulate</u>: Some types of particles (electrons, protons, neutrons, neutrinos, ...) have antisym wave fcts. Others (photons, pions, ...) have symmetric wave functions.

(9) $\begin{cases}\end{cases}$ $\psi(x_1, x_2 \cdots x_i \cdots x_k \cdots x_n) = \pm \psi(x_1, x_2 \cdots x_k \cdots x_i \cdots x_n)$
+ sign for photons, pions, ...
− sign for electron, protons, neutrons, ...

(10) $\begin{cases}\end{cases}$ <u>Comments</u>. Pauli has prooved that:
antisym particles have half odd spin
symmetric " integral "
No exceptions are "known"

(11) $\begin{cases}\end{cases}$ Consider a particle (e.g. an atom) made of other particles (e.g. some electrons, some protons, some neutrons). For this type of particle parity is $(-1)^N$ where N is the number of antisymmetric

particles entering in its structure,

Examples

$$\left.\begin{array}{l} H \text{ atom,} \\ \alpha \text{ particle} \\ \text{deuteron} \end{array}\right\} \text{are sym.} \qquad \left.\begin{array}{l} \text{Deuterium atom} \\ \text{Tritium nucleus} \\ \text{Nitrogen } (N^{14}) \\ \text{atom} \end{array}\right\} \text{are antisym.}$$

Case of independent particles

$$(12) \begin{cases} H = H_1 + H_2 + \cdots + H_m \\ H_1 \text{ operates on prtcle } ① \\ H_2 \quad `` \quad `` \quad `` \quad ② \end{cases} \} \quad e.g. \quad H_i = \frac{1}{2m_i} p_i^2 + V_i(z_i)$$

Do <u>not assume</u> at first that ①, ②, ⋯ are identical particles.

Find immediately eigenfunctions

$$(13) \begin{cases} ① \quad \psi(x_1, x_2 \cdots x_m) = \psi_1(x_1)\, \psi_2(x_2) \cdots \psi_m(x_m) \\ \quad E = E_1 + E_2 + \cdots + E_m \\ \text{where} \\ \quad H_i \, \psi_i(x_i) = E_i \, \psi_i(x_i) \end{cases}$$

Namely: The eigenfunctions of independent particles are products of the eigenfunctions of the individual particles. The corresponding e.v. is the sum of the individual e.v.'s

Assume <u>now</u> particles identical.

Then (13) in general not acceptable because

$$(14) \quad \psi_{n_1}(x_1)\, \psi_{n_2}(x_2) \cdots \psi_{n_m}(x_m)$$

is in general neither sym. nor antisym.

(14) is solution of $H\psi = E\psi$ with

(15) $\quad E = \sum_{i=1}^{m} E_{n_i}$

Other deg. solutions with same E are obtained by permuting the lower indeces $n_1, n_2 \cdots n_m$.

Then: form $\quad (n_1 n_2 \cdots n_m) \longrightarrow (P_{n_1}, P_{n_2}, \cdots, P_{n_m})$

Symmetric solution $\quad$ by permutation P

(16) $\quad \psi_{sym} = \sum_{(P)} \psi_{P_{n_1}}(x_1) \psi_{P_{n_2}}(x_2) \cdots \psi_{P_{n_m}}(x_m)$ $\quad \left\{ \begin{array}{l} \text{For normaliz.} \\ \text{wave function} \\ \text{see (21)} \end{array} \right.$

$\sum$ over all permutations.

Form antisym solution

(17) $\quad \psi_{anti} = \sum_{(P)} (-1)^P \psi_{P_{n_1}}(x_1) \cdots \psi_{P_{n_m}}(x_m) =$

or equivalent

this is a determinant

(18) $\quad \psi_{anti} = \begin{vmatrix} \psi_{n_1}(x_1), & \psi_{n_1}(x_2), & \cdots, & \psi_{n_1}(x_m) \\ \psi_{n_2}(x_1), & \psi_{n_2}(x_2), & \cdots, & \psi_{n_2}(x_m) \\ \psi_{n_m}(x_1), & \psi_{n_m}(x_2), & \cdots, & \psi_{n_m}(x_m) \end{vmatrix}$

normalization factor, see (27)

(16) or (17) will be selected according to the type of particles.

<u>Pauli principle</u>. For <u>antisymmetric</u> particles:

(19) $\left\{ \begin{array}{l} \text{Solution (18) obviously vanishes when two or} \\ \text{more of the individual state indices} \\ n_1, n_2, \ldots, n_m \text{ are equal. Therefore:} \\ \text{For these particles (electrons, protons, neutrons, ...) no state} \\ \text{exists in which two identical particles are in the same} \\ \text{(completely classified) state.} \end{array} \right.$

Occupation numbers.

(20) $\quad N_1 \; N_2 \cdots N_s \cdots \quad , \quad N_1 + N_2 + \cdots + N_s + \cdots = m$

are no's of id. pticles in indiv. states $1, 2, \cdots s,$

$\underline{a - Sym. \ particles}$: (16) is completely defined by the occupation numbers. Therefore : $\underline{giving \ the}$ $\underline{occ. \ numbers, \ completely \ defines \ the \ state}$. ReWrite (16) with normalization factor :

(21) $\quad \Psi_{sim} = \sqrt{\dfrac{N_1! \, N_2! \cdots N_s! \cdots}{m!}} \; \sum_{(P)} \Psi_{P n_1}(x_1) \cdots \Psi_{P n_m}(x_m)$

$\underline{b - Antisym. \ particles}$. Also in this case e.f. (17) or (18) is compl. specified by occ. no's (20). However, only allowable values of occ. no's are 0 and 1. Rewrite (18) with norm. factor

(22) $\quad \Psi_{antis} = \dfrac{1}{\sqrt{m!}} \begin{vmatrix} \Psi_{n_1}(x_1) & \Psi_{n_1}(x_2) \cdots & \Psi_{n_1}(x_m) \\ \Psi_{n_2}(x_1) & \Psi_{n_2}(x_2) \cdots & \Psi_{n_2}(x_m) \\ - & - - - & - \\ \Psi_{n_m}(x_1) & \Psi_{n_m}(x_2) \cdots & \Psi_{n_m}(x_m) \end{vmatrix}$

Discuss here foundation of quantum statistics; Statistical wts of (20) :

(23) $\begin{cases} Boltzmann) & \dfrac{N!}{N_1! \, N_2! \cdots} \quad , \quad B.E.) \; 1 \; (one) , \\[2mm] F.D. & \begin{cases} 1 \; if \; no \; occ. \; no \; is \; >1 \\ 0 \; if \; some \; '' \; '' \; '' \; >1 \end{cases} \end{cases}$

Discussion & comments : With respect to Boltzmann, B.E. favors bunching, F.D. discourages bunching.

31 – Two electron system.

Notation

(1) $\qquad \alpha = \begin{vmatrix} 1 \\ 0 \end{vmatrix} \qquad \beta = \begin{vmatrix} 0 \\ 1 \end{vmatrix}$ α spin up

β spin down

For two electrons, 1 & 2, notation: For example

(2) $\quad \alpha(\mathcal{S}_1) \, \beta(\mathcal{S}_2) = \alpha\beta$ & similar

Then 4 spin functions: ~~are~~

(3) $\qquad \alpha\alpha , \; \alpha\beta , \; \beta\alpha , \; \beta\beta$

Are the base of all two electron spin fcts.

change the base: ~~~~~~ Total spin

(4) $\qquad \vec{S} = \vec{S}_1 + \vec{S}_2$

Make

(5) $\qquad \vec{S}^2$ & $\vec{S}_z$ diagonal

Use general method of sect. 28 (or directly)

(6)

Base fcts	$\vec{S}^2$	$|\vec{S}|$	S_z	Spins	Spin symmetry
$\alpha\alpha$	2	1	1	parallel	sym.
$(\alpha\beta + \beta\alpha)/\sqrt{2}$	2	1	0	"	"
$\beta\beta$	2	1	-1	"	"
$(\alpha\beta - \beta\alpha)/\sqrt{2}$	0	0	0	antiparallel	antisym.

(7) $\left\{ \text{Observe:} \left\{ \begin{array}{l} \text{parallel} \\ \text{antiparallel} \end{array} \right\} \text{spins have spin wave fcts} \left\{ \begin{array}{l} \text{sym.} \\ \text{antisy.} \end{array} \right\} \right.$

Two electron wave fct must be antisymmetric

then following possibilities

(8) $\left\{ \begin{array}{l} \alpha\alpha \, u(\vec{x}_1, \vec{x}_2) , \; \dfrac{\alpha\beta + \beta\alpha}{\sqrt{2}} u(\vec{x}_1, \vec{x}_2) , \; \beta\beta \, u(\vec{x}_1, \vec{x}_2) \\[2mm] \dfrac{\alpha\beta - \beta\alpha}{\sqrt{2}} v(\vec{x}_1, \vec{x}_2) \; \text{with} \; \begin{array}{l} u(\vec{x}_1, \vec{x}_2) \text{ antisymmetric} \\ v(\vec{x}_1, \vec{x}_2) \text{ symmetric} \end{array} \end{array} \right.$

Case ⓐ . Two independent electrons

(9) $H_0 = H(1) + H(2)$

Neglect spin orbit interaction

Then let

(10) $H(1) \psi_n(\vec{x}_1) = E_n \psi_n(\vec{x}_1)$

be soln of one particle problem.

Then two electron problem has e.v.'s

$E_n + E_m$ with following (degenerate) sol'ns

(11) $\left\{ \begin{array}{l} (\alpha\alpha) \left[\psi_n(x_1)\psi_m(x_2) - \psi_m(x_1)\psi_n(x_2) \right] /\sqrt{2} \\[4pt] \text{or} \quad \dfrac{\alpha\beta + \beta\alpha}{\sqrt{2}} \left[\quad \text{same} \quad \right] /\sqrt{2} \\[4pt] \text{or} \quad (\beta\beta) \left[\quad \text{same} \quad \right] /\sqrt{2} \\[4pt] \text{or} \quad \dfrac{\alpha\beta - \beta\alpha}{\sqrt{2}} \left[\psi_n(x_1)\psi_m(x_2) + \psi_m(x_1)\psi_n(x_2) \right] /\sqrt{2} \end{array} \right.$

(left margin note): Note: one electron problem has two deg. sol'ns $\alpha\psi_n(\vec{x})$ · $\beta\psi_n(\vec{x})$

(right margin note): These have S=1 orbital antisym. spin symmetric. This has S=1 orbital sym. spin antisym.

Introduce now Coulomb interaction

(12) $H_{coulomb} = \dfrac{e^2}{|\vec{x}_1 - \vec{x}_2|} = \dfrac{e^2}{r_{12}}$

Treat (12) as perturbation (first order)

(13) $\delta E_{coul} = \overline{H_{coul}} = \iint \sum_{spin} d^3x_1 d^3x_2 \left| \text{wave fct} \right|^2$

Result different for S=1 (triplet) states and S=0 (singlet) states (comment: no off diagonal elements), Find

$\delta E \left(\int\int (Triplet) \right)_{Coulomb}$

upper sign for triplets
lower " " " singlets

(14) $\delta E_{coulomb} = \int\int \frac{e^2}{r_{12}} |\psi_1(x_1)|^2 |\psi_2(x_2)|^2 d\vec{x}_1 d\vec{x}_2 \mp$

assume
ψ_1, ψ_2 real

This is electrostatic mutual energy

$$\mp \int\int \frac{e^2}{r_{12}} \psi_1(x_1) \psi_2(x_1) \psi_1(x_2) \psi_2(x_2) d\vec{x}_1 d\vec{x}_2$$

This is exchange integral

Discussion & comments on this formula

Exchange integral as an apparent very strong spin spin coupling.

Relationship to theory of ferromagnetism.

Role of spin orbit interactions and triplet splitting.

The He spectrum.

Parahelium	$1s^2 \; {}^1S_0 = 198305$	$2p1s \; {}^1P_0 = 27176$
(Singlet)	$2s1s \; {}^1S_0 = 32033$	$3d1s \; {}^1D_0 = 12206$
	$3s1s \; {}^1S_0 = 19446$	

Orthohelium	$2s1s \; {}^3S_1 = 38455$	$2p1s \; {}^3P_0 = 29223.87$
(Triplet)	$3s1s \; {}^3S_1 = 15074$	" ${}^3P_1 = 29223.799$
		" ${}^3P_2 = 29223.878$

(Comments)

Ritz with trial fct $e^{-\alpha \frac{r_1 + r_2}{a}}$ gives $\alpha = \frac{27}{16}$

Ground level $\left(2 \times \frac{27^2}{16^2} - 4\right) Rydberg = 186,000 \, cm^{-1}$

Phys 342-1954   32-1

32 - Hydrogen molecule

Generalities on molecular spectra

Rotational oscillation and electronic levels.

Electronic levels of H_2 - molecule

①   ②

a r b

(1) $H = \dfrac{p_1^2 + p_2^2}{2m} + \dfrac{e^2}{r} + \dfrac{e^2}{r_{12}} - \dfrac{e^2}{r_{a1}} - \dfrac{e^2}{r_{a2}} - \dfrac{e^2}{r_{b1}} - \dfrac{e^2}{r_{b2}}$

Heitler London method.

Discuss two zero approx wave fcts

(2) $\psi = a(1)\,b(2) \pm a(2)\,b(1)$ $+$ for both $S=0$ (singlet)

                                     $-$ for $S=1$ (triplet)

   $a(1)$, $b(1)$ are hydrogen wave fcts for electron

   ① near nucleus $\underline{a}$ or $\underline{b}$.

   Step ⓐ: normalization

(3) $\displaystyle\int \psi^2\, d\vec{x_1}\, d\vec{x_2} = \left(\int a^2(1)\, dx_1\right)\left(\int b^2(2)\, dx_2\right) + \left(\int a^2(2)\, dx_2\right)\left(\int b^2(1)\, dx_1\right) +$

                $\pm\, 2 \displaystyle\int a(1)\, b(1)\, dx_1 \int a(2)\, b(2)\, dx_2$

          $= 2\left(1 + \beta^2\right)$

(4) $\beta = \displaystyle\int a(1)\, b(1)\, d\vec{x_1}$

   Normalized wave fcts

(5) $\psi_\pm = \dfrac{a(1)\, b(2) \pm a(2)\, b(1)}{\sqrt{2\left(1 \pm \beta^2\right)}}$

(6) $\quad E_{\pm} = \iint \psi_{\pm} H \psi_{\pm} \, dx_1 \, dx_2$

Use

(7) $\quad \left(\frac{1}{2m} p_1^2 - \frac{e^2}{r_{a1}} \right) a(1) = - R \, a(1)$

$R = $ Rydberg energy $= + 13.6 \, eV$

Find

(8) $\quad H \, a(1) b(2) = \left(-2R + \frac{e^2}{r} + \frac{e^2}{r_{12}} - \frac{e^2}{r_{a2}} - \frac{e^2}{r_{b1}} \right) a(1) b(2)$

Find

(9) $\quad E_{\pm} = -2R + \frac{e^2}{r} + \frac{1}{1 \pm \beta^2} \iint \left(\frac{e^2}{r_{12}} - \frac{e^2}{r_{a2}} - \frac{e^2}{r_{b1}} \right) a^2(1) \, b^2(2) \, dx_1 dx_2$

$\qquad \pm \frac{1}{1 \pm \beta^2} \iint \left(\frac{e^2}{r_{12}} - \frac{e^2}{r_{a2}} - \frac{e^2}{r_{b1}} \right) a(1) b(1) \, a(2) b(2) \, dx_1 dx_2$

<u>Discussion</u>

Take $-2R$ as zero energy (energy of two distant atoms)

Term $\frac{e^2}{r}$ is potential energy of nuclei

first $\iint$ - term (apart of small β) is mutual electrostatic interaction of two electron clouds $e \, a^2(1)$ and $e \, b^2(2)$ between each other and with the other nucleus.

second $\iint$ is exchange integral. This is negative and depends on $\underline{r}$ as follows

Adding various term find

No binding for E_-
Binding for E_+

For ground state of H_2 two electrons have their opposite spins $(S=0)$

Heitler London method sketched above is quantitatively poor.

Better for ground state Wang method with Ritz trial fct

$$(10) \qquad \psi(x_1, x_2) = e^{-\frac{z}{a}(r_{a1} + r_{b2})} + e^{-\frac{z}{a}(r_{b1} + r_{a2})}$$

$a =$ Bohr radius
$z =$ adjustable parameter of Ritz method
Minimize for each value of r

$$(11) \qquad \bar{H} = \frac{\int \psi(x_1 x_2) H \psi(x_1 x_2) \, d\vec{x_1} \, d\vec{x_2}}{\int |\psi(x_1 x_2)|^2 \, d\vec{x_1} \, d\vec{x_2}}$$

	Wang	Experiment
Bind. Energy	.278 Rydberg	.320 Rydberg
Mom. of inertia	$.459 \times 10^{-40}$	$.467 \times 10^{-40}$
Oscill. frequency	$4900 \, cm^{-1}$	$4360 \, cm^{-1}$

(12)

Rotational levels (Role of nuclear spin)

Approx. hamiltonian for rotational levels only

$$\frac{P^2}{2I} \cdot \quad (\text{see sect } a$$

(13) $\qquad -\frac{\hbar^2}{2A} \Lambda \qquad [\text{see Sect 2 (14)}]$

A = mom. of inertia

Yields rot. energy levels

(14) $\begin{cases} \dfrac{\hbar^2}{2A} \ell(\ell+1) & \ell = 0, 1, 2, \dots \\ \psi_\ell = Y_{\ell m}(\vartheta, \varphi) \end{cases}$

(14) applies to diatomic molecules when there is no resultant ang. mom. of the electrons along figure axis.

Even in this case, however, complications for identical nuclei.

Example: two nuclei identical with nuclear spin 0, and B.E. statistics require symmetric wave fnct. Now $Y_{\ell m}(\vartheta, \varphi)$ sym for interchange of nuclei only when ℓ even. Therefore in this case all odd $\underline{\ell}$'s are absent (Comment as to possible complications due to symmetry of electronic levels)

For hydrogen, the two protons have spin $\frac{1}{2}$ and antisym. wave fcts

32-5

Therefore (like for two electron system) ~~rot~~

rotational terms split into

Para hydrogen terms

Nuclear spins antiparallel · $l = 0, 2, 4, \ldots$

and

Orthohydrogen terms

Nuclear spins parallel $l = 1, 3, 5, \ldots$

Comments. Alternating band intensities

Very slow ortho-para conversion in hydrogen

Specific heat of hydrogen rotation.

Topics for discussion — Band spectra of diatomic molecules.

Phys 342 - 1954

33 - Collision theory
Scattering by short range central force field.

(1) $\quad \psi \rightarrow e^{ikz} - f(\theta) \dfrac{e^{ikr}}{r} \quad \left(\begin{array}{l}\text{asymptotic} \\ \text{for } r \rightarrow \infty\end{array}\right)$

(2) $\quad k = \dfrac{1}{\hbar} p$

(1) yields diff cross sect

(3) $\quad \dfrac{d\sigma}{d\omega} = |f(\theta)|^2$

Develop (1) in sph. harmonics by

(4) $e^{ikz} = \dfrac{\pi\sqrt{2}}{\sqrt{kr}} \displaystyle\sum_{l=0}^{\infty} i^l \sqrt{2l+1}\, Y_{l,0}(\theta)\, J_{l+\frac{1}{2}}(kr)$

Also use
$$J_n(x) \longrightarrow \sqrt{\dfrac{2}{\pi x}} \cos\left(x - \dfrac{\pi}{4} - \dfrac{\pi n}{2}\right)$$

(5) $\quad e^{ikz} \longrightarrow \dfrac{\sqrt{4\pi}}{kr} \displaystyle\sum_0^{\infty} i^l \sqrt{2l+1}\, Y_{l0} \sin\left(kr - \dfrac{\pi l}{2}\right) =$

$\qquad = \dfrac{\sin kr}{kr} + \cdots$

Also dev. $f(\theta)$ in sph. harm. by

(6) $\quad f(\theta) = \displaystyle\sum_l a_l P_l(\cos\vartheta) = \sqrt{4\pi} \sum_l \dfrac{a_l}{\sqrt{2l+1}} Y_{l0}(\theta)$

(7) $\quad \psi \rightarrow \dfrac{\sqrt{4\pi}}{kr} \displaystyle\sum_l \dfrac{Y_{l0}}{\sqrt{2l+1}} \left\{ e^{ikr}\left[-a_l - \dfrac{i}{2}\dfrac{2l+1}{k}\right] + \right.$

$\qquad\qquad \left. + e^{-ikr} (-1)^l \dfrac{i}{2} \dfrac{2l+1}{k} \right\}$

Comments — In- and outgoing wave ~~have~~
must have = amplitudes! Then

(8) $\quad a_\ell + \dfrac{i}{2}\dfrac{2\ell+1}{k} = e^{2i\alpha_\ell}\left(\dfrac{i}{2}\dfrac{2\ell+1}{k}\right)$

or

(9) $\quad a_\ell = \dfrac{i}{2}\dfrac{2\ell+1}{k}\left(e^{2i\alpha_\ell}-1\right)$

and radial wave fct of $\underline{\ell}$, $R_\ell(r)=\dfrac{u_\ell(r)}{r}$

(10) $\quad r R_\ell(r) = u_\ell(r) \approx \sin\left(kr - \dfrac{\pi\ell}{2}+\alpha_\ell\right)$ | phase shift.

Determine α_ℓ from radial equation

(11) $\begin{cases} u_\ell''(r) - \dfrac{\ell(\ell+1)}{r^2}u_\ell + \dfrac{2m}{\hbar^2}\left[E - U(r)\right]u_\ell = 0 \\ E = \dfrac{\hbar^2}{2m}k^2 \end{cases}$

(12) $\quad u_\ell'' + \left\{k^2 - \dfrac{2m}{\hbar^2}U(r) - \dfrac{\ell(\ell+1)}{r^2}\right\}u_\ell = 0$

Solution behavior for r small & large

(13) $\quad r^{\ell+1} \longleftarrow u_\ell(r) \longrightarrow \text{const}\times\sin\left(kr+\alpha_\ell - \dfrac{\pi\ell}{2}\right)$

determines α_ℓ.

Express $\dfrac{d\sigma}{d\omega}$ in terms of α_ℓ (use (9),(6),(3))

(14) $\quad \dfrac{d\sigma}{d\omega} = \dfrac{1}{4k^2}\left|\sum_\ell(2\ell+1)P_\ell(\cos\vartheta)\left(e^{2i\alpha_\ell}-1\right)\right|^2$

33-3

Integrate :

$$(15) \quad \sigma = 4\pi \lambdabar^2 \sum_{\ell} (2\ell+1) \sin^2 \alpha_\ell \qquad \boxed{\lambdabar = 1/k}$$

α_0 at low energy only important $\ell=0$

$U(r)$

$-\alpha_0$

r

$b =$ scatt. length

$$(16) \quad \begin{cases} \alpha_0 = -k \times \text{scattering length} = -kb_0 \\ \qquad (\text{at low energy}) \end{cases}$$

Then at low energy

$$(17) \quad \sigma \to 4\pi b^2$$

One can prove that in simple cases
at low energy

$$\alpha_\ell \sim k^{2\ell+1}$$

<u>Comments</u> — <u>Examples</u> — <u>Coulomb forces</u>
(See <u>Schiff</u> Sect. 20) — <u>scattering by hard
sphere</u>
<u>Absorption & shadow scattering</u> —

34 - Dirac's theory of the ~~free~~ electron

Time dep. Schrödinger eq. for particle

$$i\hbar \frac{\partial \psi}{\partial t} = -\frac{\hbar^2}{2m}\left(\frac{\partial^2 \psi}{\partial x^2} + \frac{\partial^2 \psi}{\partial y^2} + \frac{\partial^2 \psi}{\partial z^2}\right)$$

treats t, x, y, z very non symmetrically.
Search for relativistic equation for
electron of first order in t, x, y, z.

Notation

(1)
$$\begin{cases} x = x_1 \quad y = x_2 \quad z = x_3 \quad ict = x_4 \quad (ct = x_0) \\[6pt] p_x = \frac{\hbar}{i}\frac{\partial}{\partial x} \quad \text{or} \quad p_i = \frac{\hbar}{i}\frac{\partial}{\partial x_i} \\[6pt] p_4 = \frac{\hbar}{i}\frac{\partial}{\partial x_4} = -\frac{\hbar}{c}\frac{\partial}{\partial t} = \frac{i}{c}E \end{cases}$$

$\boxed{\text{use } E = i\hbar \frac{\partial}{\partial t}}$

(2)
$$\begin{cases} \text{Ordinary vectors} \\ \vec{x} \equiv (x_1, x_2, x_3) \qquad \vec{p} \equiv (p_1, p_2, p_3) \end{cases}$$

$\boxed{\text{Sum over equal indices}}$

(3)
$$\begin{cases} \text{Four vectors} \\ \underset{\sim}{x} \equiv (x_1, x_2, x_3, x_4) \quad \text{or} \quad \underset{\sim}{p} \equiv (p_1, p_2, p_3, p_4) \end{cases}$$

If ψ were a scalar, simplest first
order eqn would be (constant coeff.)

$$\psi = a^{(1)}\frac{\partial \psi}{\partial x_1} + a^{(2)}\frac{\partial \psi}{\partial x_2} + a^{(3)}\frac{\partial \psi}{\partial x_3} + a^{(4)}\frac{\partial \psi}{\partial x_4} + \frac{i}{\hbar}a^{(5)}\psi$$

It will prove necessary however to take ψ to
have several (four) components. Instead of
above, write

(4)
$$imc\,\psi_k = \gamma^{(\mu)}_{kl}\, p_\mu\, \psi_l = \frac{\hbar}{i}\gamma^{(\mu)}_{kl}\frac{\partial \psi_l}{\partial x_\mu}$$

In matrix notation: ψ a vertical slot of (four) elements $\gamma_\mu = \| \gamma_{k\ell}^{(\mu)} \|$ a square matrix (four × four matrix)

(5) $\qquad i\, mc\, \psi = \gamma_\mu p_\mu \psi \qquad$ (sum over μ)

$$= \frac{\hbar}{i} \gamma_\mu \frac{\partial \psi}{\partial x_\mu}$$

$p_\mu = \frac{\hbar}{i} \frac{\partial}{\partial x_\mu}$ operates on dependence of ψ on x_μ

γ_μ operates on an internal variable similar to the spin variable of Pauli, however with 4 components as will be seen. Follows:

(6) $\{\qquad \gamma_\mu$ commutes with p_ν and x_ν

From (5)

$$(i\, mc)^2 \psi = (\gamma_\mu p_\mu)^2 \psi$$

Or (omitting ψ) $\qquad\qquad$ use (1) $\quad p_4^2 = -\dfrac{E^2}{c^2}$

use (6)

$$-m^2 c^2 = \gamma_1^2 p_1^2 + \gamma_2^2 p_2^2 + \gamma_3^2 p_3^2 - \gamma_4^2 \frac{E^2}{c^2} +$$

$$+ (\gamma_1 \gamma_2 + \gamma_2 \gamma_1) p_1 p_2 + \text{similar terms}$$

This can be identified with the relativistic momentum energy relation

(7) $\qquad m^2 c^2 + \vec{p}^2 = \dfrac{E^2}{c^2} \qquad\qquad$ by postulating

(8) $\qquad \gamma_1^2 = \gamma_2^2 = \gamma_3^2 = \gamma_4^2 = 1 \qquad \gamma_\mu \gamma_\nu + \gamma_\nu \gamma_\mu = 0$ for $\mu \neq \nu$

One finds that the lowest order matrices for which (8) can be fulfilled is the 4-th. For order four there are many solutions that are essentially equivalent. We choose the "standard" solution

$$(9) \quad \gamma_1 = \begin{vmatrix} 0 & 0 & 0 & -i \\ 0 & 0 & -i & 0 \\ 0 & i & 0 & 0 \\ i & 0 & 0 & 0 \end{vmatrix} ; \quad \gamma_2 = \begin{vmatrix} 0 & 0 & 0 & -1 \\ 0 & 0 & 1 & 0 \\ 0 & 1 & 0 & 0 \\ -1 & 0 & 0 & 0 \end{vmatrix} ; \quad \gamma_3 = \begin{vmatrix} 0 & 0 & -i & 0 \\ 0 & 0 & 0 & i \\ i & 0 & 0 & 0 \\ 0 & -i & 0 & 0 \end{vmatrix}$$

and

$$(10) \quad \beta = \gamma_4 = \begin{vmatrix} 1 & 0 & 0 & 0 \\ 0 & 1 & 0 & 0 \\ 0 & 0 & -1 & 0 \\ 0 & 0 & 0 & -1 \end{vmatrix}$$

$\gamma_1, \gamma_2, \gamma_3$ act in many ways as the components of a vector and will be denoted by

$$(11) \quad \vec{\gamma} = (\gamma_1, \gamma_2, \gamma_3) \quad \text{also} \quad \underset{\sim}{\gamma} = (\gamma_1 \gamma_2 \gamma_3 \gamma_4)$$

four vector

Then (5) becomes

$$(12) \quad imc\psi = \left(\vec{\gamma} \cdot \vec{p} + \frac{i}{c} E \gamma_4\right)\psi = \underset{\sim}{\gamma} \cdot \underset{\sim}{\iota} \psi$$

Multiply to left by $\gamma_4 = \beta$ using $\gamma_4^2 = \beta^2 = 1$

$$(13) \quad \boxed{E\psi = \left(mc^2\beta + c\vec{\alpha} \cdot \vec{p}\right)\psi}$$

where

$$(14) \quad \vec{\alpha} = i\beta\vec{\gamma} \quad \left(\text{or } \alpha_1 = i\beta\gamma_1 \quad \alpha_2 = i\beta\gamma_2 \quad \alpha_3 = i\beta\gamma_3\right)$$

$$(15) \quad \alpha_1 = \begin{vmatrix} 0 & 0 & 0 & 1 \\ 0 & 0 & 1 & 0 \\ 0 & 1 & 0 & 0 \\ 1 & 0 & 0 & 0 \end{vmatrix} ; \quad \alpha_2 = \begin{vmatrix} 0 & 0 & 0 & -i \\ 0 & 0 & i & 0 \\ 0 & -i & 0 & 0 \\ i & 0 & 0 & 0 \end{vmatrix} \quad \alpha_3 = \begin{vmatrix} 0 & 0 & 1 & 0 \\ 0 & 0 & 0 & -1 \\ 1 & 0 & 0 & 0 \\ 0 & -1 & 0 & 0 \end{vmatrix}$$

Properties (check directly)

(16) $\beta^2 = \alpha_1^2 = \alpha_2^2 = \alpha_3^2 = 1$

(17) $\begin{cases} \beta \alpha_1 + \alpha_1 \beta = 0 \quad \beta \alpha_2 + \alpha_2 \beta = 0 \quad \beta \alpha_3 + \alpha_3 \beta = 0 \\ \alpha_1 \alpha_2 + \alpha_2 \alpha_1 = 0 \quad \alpha_2 \alpha_3 + \alpha_3 \alpha_2 = 0 \quad \alpha_3 \alpha_1 + \alpha_1 \alpha_3 = 0 \end{cases}$

(18) $\begin{cases} \beta \text{ \& the } \alpha\text{'s have square = unit matrix} \\ \beta \text{ \& the } \alpha\text{'s anticommute with each other.} \\ \beta \text{ \& the } \alpha\text{'s are hermitian.} \end{cases}$

One can prove that all the physical consequences of (13) do not depend on the special choice (10), (15) of $\alpha_1 \, \alpha_2 \, \alpha_3 \, \beta$. They would be the same if a different set of four 4×4 matrices with the specifications (18) had been chosen. In particular it is possible by unitary transformation to interchange the roles of the four matrices. So that their differences are only apparent.

(19) $\begin{cases} \text{Check that for each of the 7 matrices} \\ \gamma_4 = \beta, \, \alpha_1, \, \alpha_2, \, \alpha_3, \, \gamma_1, \, \gamma_2, \, \gamma_3 \text{ the eigenvalues} \\ \text{are } +1, \text{ twice and } -1 \text{ twice} \end{cases}$

(13) is written also

(20) ~~(14)~~ $$E\psi = H\psi$$

(21) ~~(15)~~ $\begin{cases} H = \text{hamiltonian} \\ \qquad H = mc^2\beta + c\,\vec{\alpha}\cdot\vec{p} \end{cases}$ for $\psi = \begin{vmatrix} \psi_1 \\ \psi_2 \\ \psi_3 \\ \psi_4 \end{vmatrix}$

Time indep. equation

(22) ~~(16)~~ $\begin{cases} E\psi_1 = mc^2\psi_1 + \dfrac{c\hbar}{i}\left\{\dfrac{\partial\psi_4}{\partial x} - i\dfrac{\partial\psi_4}{\partial y} + \dfrac{\partial\psi_3}{\partial z}\right\} \\[2mm] E\psi_2 = mc^2\psi_2 + \dfrac{c\hbar}{i}\left\{\dfrac{\partial\psi_3}{\partial x} + i\dfrac{\partial\psi_3}{\partial y} - \dfrac{\partial\psi_4}{\partial z}\right\} \\[2mm] E\psi_3 = -mc^2\psi_3 + \dfrac{c\hbar}{i}\left\{\dfrac{\partial\psi_2}{\partial x} - i\dfrac{\partial\psi_2}{\partial y} + \dfrac{\partial\psi_1}{\partial z}\right\} \\[2mm] E\psi_4 = -mc^2\psi_4 + \dfrac{c\hbar}{i}\left\{\dfrac{\partial\psi_1}{\partial x} + i\dfrac{\partial\psi_1}{\partial y} - \dfrac{\partial\psi_2}{\partial z}\right\} \end{cases}$

Also time dep. Sch. eq by $E \to i\hbar\dfrac{\partial}{\partial t}$

Plane wave solution. Take

(23) ~~(17)~~ $\psi = \begin{vmatrix} u_1 \\ u_2 \\ u_3 \\ u_4 \end{vmatrix} e^{\frac{i}{\hbar}\vec{p}\cdot\vec{x}}$ $\vec{p}$ now a numerical vector

$u_1\, u_2\, u_3\, u_4$ are constants.

Substitute in ~~(17)~~ (22) (Divide by common exp. factor)

(24) $\begin{cases} Eu_1 = mc^2 u_1 + c(p_x - i p_y) u_4 + c p_z u_3 \\ Eu_2 = mc^2 u_2 + c(p_x + i p_y) u_3 - c p_z u_4 \\ Eu_3 = -mc^2 u_3 + c(p_x - i p_y) u_2 + c p_z u_1 \\ Eu_4 = -mc^2 u_4 + c(p_x + i p_y) u_1 - c p_z u_2 \end{cases}$

Four homog. linear eq. for $u_1\, u_2\, u_3\, u_4$.

Require det $= 0$. One finds e.v's of E

(25) $\quad E = +\sqrt{m^2 c^4 + c^2 p^2}\ $ twice and $\ E = -\sqrt{m^2 c^4 + c^2 p^2}\ $ (twice)

For each $\vec{p}$, E has twice the value $E = \sqrt{m^2c^4 + c^2p^2}$ but also twice the negative value $E = -\sqrt{m^2c^4 + c^2p^2}$ (Comments)

A set of 4 orthogonal normalized spinors u is

$$(26) \quad \begin{cases} \text{For} \quad E = +\sqrt{m^2c^4 + c^2p^2} = R \\[2mm] u^{(1)} = \sqrt{\dfrac{mc^2 + R}{2R}} \begin{vmatrix} 1 \\ 0 \\ \dfrac{cp_z}{mc^2+R} \\ \dfrac{c(p_x + ip_y)}{mc^2+R} \end{vmatrix} \quad \text{or} \quad u^{(2)} = \sqrt{\dfrac{mc^2+R}{2R}} \begin{vmatrix} 0 \\ 1 \\ \dfrac{c(p_x - ip_y)}{mc^2+R} \\ \dfrac{-cp_z}{mc^2+R} \end{vmatrix} \end{cases}$$

$$(27) \quad \begin{cases} \text{For} \quad E = -R = -\sqrt{m^2c^4 + c^2p^2} \\[2mm] u^{(3)} = \sqrt{\dfrac{R - mc^2}{2R}} \begin{vmatrix} \dfrac{cp_z}{R-mc^2} \\ \dfrac{c(p_x + ip_y)}{R-mc^2} \\ 1 \\ 0 \end{vmatrix} \quad \text{or} \quad u^{(4)} = \sqrt{\dfrac{R-mc^2}{2R}} \begin{vmatrix} \dfrac{c(p_x - ip_y)}{R-mc^2} \\ \dfrac{-cp_z}{R-mc^2} \\ 0 \\ 1 \end{vmatrix} \end{cases}$$

Observe: for $|p| < mc$ the third & fourth component of the positive energy solutions $u^{(1)}$ & $u^{(2)}$ are very small and the first and second component of the neg. en. solutions $u^{(3)}$ & $u^{(4)}$ are very small (of order p/mc).

Meaning of neg. + pos. energy levels.

The Dirac. sea — Vacuum state

Positrons as holes.

Mom + energy of the positron are $(-\vec{p} + -\vec{E})$ of the "hole" state.

(28) $\left\{ u^{(1)} e^{\frac{i}{\hbar} \vec{p} \cdot \vec{x}} , \quad u^{(2)} e^{\frac{i}{\hbar} \vec{p} \cdot \vec{x}} \right.$

electron states (spin up + down)

$(mom. = \vec{p} , \text{ energy} = +\sqrt{m^2 c^4 + c^2 p^2})$

(29) $\left\{ \begin{array}{l} u^{(3)} e^{\frac{i}{\hbar} \vec{p} \cdot \vec{x}} \\ u^{(4)} e^{\frac{i}{\hbar} \vec{p} \cdot \vec{x}} \end{array} \right\}$ are positron states with momentum $= -\vec{p}$, energy $= +\sqrt{m^2 c^4 + c^2 p^2}$

Given $\qquad \psi = u e^{\frac{i}{\hbar} p \cdot x}$ $\quad$ ($u = 4$ component spinor)

it is important to have two operators P & N (projection operators) such that $P\psi$ contains only electron wave fcts , $N\psi$ contains only neg. energy wave fcts (positron states). P, N are spinor operators defined by $P u^{(1)} = u^{(1)}$,

(30) $\left\{ P u^{(2)} = u^{(2)}, \quad P u^{(3)} = 0, \quad P u^{(4)} = 0 \text{ and} \right.$

(31) $\quad N u^{(1)} = 0 , \quad N u^{(2)} = 0 , \quad N u^{(3)} = u^{(3)}, \quad N u^{(4)} = u^{(4)}$

These properties define uniquely P & N

Observe: $Hu^{(1)} = Ru^{(1)}, \; Hu^{(2)} = Ru^{(2)}, \; Hu^{(3)} = -Ru^{(3)}$
$Hu^{(4)} = -Ru^{(4)}$

with
$$R = +\sqrt{m^2c^4 + c^2p^2} \qquad (\vec{p} \text{ here a } c\text{-vector})$$

and H from (21). Then

(32) $\quad \mathcal{P} = \dfrac{1}{2} + \dfrac{1}{2R}H \quad ; \quad \mathcal{N} = \dfrac{1}{2} - \dfrac{1}{2R}H$

Angular momentum. From (21)

(33) $\quad [H, xp_y - yp_x] = \dfrac{\hbar c}{i}\left(\alpha_1 p_y - \alpha_2 p_x\right) \neq 0$

Therefore $xp_y - yp_x$ not a time constant
for free Dirac electron. However

(34) $\quad xp_y - yp_x + \dfrac{1}{2}\dfrac{\hbar}{i}\alpha_1\alpha_2 = \hbar J_z$

Commutes with H. Interpret $\hbar J_z$ as z
component of ang. mom.

(35) $\quad \hbar\vec{J} = \vec{x}\times\vec{p} + \dfrac{\hbar}{2i}\begin{cases}\alpha_2\alpha_3 \\ \alpha_3\alpha_1 \\ \alpha_1\alpha_2\end{cases} = \vec{x}\times\vec{p} + \dfrac{\hbar}{2}\vec{\sigma}'$

with $\underbrace{\qquad}_{\text{orbital part}}$ $\underbrace{\qquad}_{\text{spin part}}$

(36) $\sigma_x' = \dfrac{1}{i}\alpha_2\alpha_3 = \begin{vmatrix}0&1&0&0\\1&0&0&0\\0&0&0&1\\0&0&1&0\end{vmatrix}$ $\sigma_y' = \dfrac{1}{i}\alpha_3\alpha_1 = \begin{vmatrix}0&-i&0&0\\i&0&0&0\\0&0&0&-i\\0&0&i&0\end{vmatrix}$ $\sigma_z' = \dfrac{1}{i}\alpha_1\alpha_2 = \begin{vmatrix}1&0&0&0\\0&-1&0&0\\0&0&1&0\\0&0&0&-1\end{vmatrix}$

Observe analogy with Pauli operators $\vec{\sigma}$ & $\vec{\sigma}'$.

35 – Dirac electron in electromagnetic field

Notation

$$(1) \quad \begin{cases} \vec{A} = (A_1, A_2, A_3) = \text{vector potential} \\ A_4 = i\varphi = (i \times \text{scalar potential}) \\ \underset{\sim}{A} \equiv (A_1, A_2, A_3, A_4) = \text{4-vector potential} \end{cases}$$

$$(2) \quad F_{ik} = \frac{\partial A_k}{\partial x_i} - \frac{\partial A_i}{\partial x_k} = \text{antisym. tensor} \\ \text{"electromagnetic field"}$$

$$(3) \quad \begin{cases} (F_{12}, F_{23}, F_{31}) \equiv \vec{B} = \text{magnetic field} \\ (F_{41}, F_{42}, F_{43}) \equiv i\vec{E} \quad (\vec{E} = \text{electric field}) \end{cases}$$

Introduce e.m. field in Dirac equation
$(34-(12) \text{ or } (20)(21))$ by

$$(4) \quad \vec{p} \to \vec{p} - \frac{e}{c}\vec{A} \qquad E \to E - e\varphi$$

or equivalents

$$(5) \quad \begin{cases} \underset{\sim}{p} \to \underset{\sim}{p} - \frac{e}{c}\underset{\sim}{A} \\ \frac{\partial}{\partial x_\ell} \to \frac{\partial}{\partial x_\ell} - \frac{ie}{\hbar c}A_\ell \qquad (\ell = 1, 2, 3, 4) \\ \underset{\sim}{\nabla} \to \underset{\sim}{\nabla} - \frac{ie}{\hbar c}\underset{\sim}{A} \end{cases}$$

Find equivalent equations

$$(6) \quad imc\,\psi = \underset{\sim}{\gamma} \cdot \left(\underset{\sim}{p} - \frac{e}{c}\underset{\sim}{A}\right)\psi$$
or

(7) $\left(\dfrac{mc}{\hbar} + \underset{\sim}{\gamma} \cdot \underset{\sim}{\nabla} - \dfrac{ie}{\hbar c} \underset{\sim}{A} \cdot \underset{\sim}{\gamma}\right)\psi = 0$

or

(8) $\qquad E\psi = H\psi$

with hamiltonian

(9) $\qquad H = +e\varphi \# - e\vec{A}\cdot\vec{\alpha} + mc^2\beta + c\vec{\alpha}\cdot\vec{p}$

(8) is equiv to four eq.ns similar to (34-(22))

(10)
$\begin{cases}
(E - e\varphi - mc^2)\psi_1 = \dfrac{c\hbar}{i}\left(\dfrac{\partial\psi_4}{\partial x} - i\dfrac{\partial\psi_4}{\partial y} + \dfrac{\partial\psi_3}{\partial z}\right) - e\left\{(A_x - iA_y)\psi_4 + A_z\psi_3\right\} \\[2mm]
(E - e\varphi - mc^2)\psi_2 = \dfrac{c\hbar}{i}\left(\dfrac{\partial\psi_3}{\partial x} + i\dfrac{\partial\psi_3}{\partial y} - \dfrac{\partial\psi_4}{\partial z}\right) - e\left\{(A_x + iA_y)\psi_3 - A_z\psi_4\right\} \\[2mm]
(E - e\varphi + mc^2)\psi_3 = \dfrac{c\hbar}{i}\left(\dfrac{\partial\psi_2}{\partial x} - i\dfrac{\partial\psi_2}{\partial y} + \dfrac{\partial\psi_1}{\partial z}\right) - e\left\{(A_x - iA_y)\psi_2 + A_z\psi_1\right\} \\[2mm]
(E - e\varphi + mc^2)\psi_4 = \dfrac{c\hbar}{i}\left(\dfrac{\partial\psi_1}{\partial x} + i\dfrac{\partial\psi_1}{\partial y} - \dfrac{\partial\psi_2}{\partial z}\right) - e\left\{(A_x + iA_y)\psi_1 - A_z\psi_2\right\}
\end{cases}$

Introduce two dicotomic variables

(11) $\qquad u = \left|\begin{matrix}\psi_1 \\ \psi_2\end{matrix}\right| \qquad\qquad v = \left|\begin{matrix}\psi_3 \\ \psi_4\end{matrix}\right|$

And the Pauli operators $\vec{\sigma} = (\sigma_x, \sigma_y, \sigma_y)$. (10) becomes

(12)
$\begin{cases}
\dfrac{i}{c\hbar}(E - mc^2 - e\varphi)u = \vec{\sigma}\cdot\left(\vec{\nabla} - \dfrac{ie}{c\hbar}\vec{A}\right)v \\[3mm]
\dfrac{i}{c\hbar}(E + mc^2 - e\varphi)v = \vec{\sigma}\cdot\left(\vec{\nabla} - \dfrac{ie}{c\hbar}\vec{A}\right)u
\end{cases}$

(13)
$\begin{cases}
\dfrac{1}{c}(E - mc^2 - e\varphi)u = \vec{\sigma}\cdot\left(\vec{p} - \dfrac{e}{c}\vec{A}\right)v \\[3mm]
\dfrac{1}{c}(E + mc^2 - e\varphi)v = \vec{\sigma}\cdot\left(\vec{p} - \dfrac{e}{c}\vec{A}\right)u
\end{cases}$

Eliminate $\underline{v}$ from (13):

$$\frac{1}{c^2}(E+mc^2-e\varphi)(E-mc^2-e\varphi)u = \frac{1}{c^2}\left\{(E-e\varphi)^2-m^2c^4\right\}u =$$

$$= \frac{1}{c}(E+mc^2-e\varphi)\,\vec{\sigma}\cdot\left(\vec{P}-\frac{e}{c}\vec{A}\right)v =$$

$$= \left\{\left(\vec{\sigma}\cdot\vec{P}-\frac{e}{c}\vec{A}\right)\frac{E+mc^2-e\varphi}{c} - \frac{e}{c^2}\,\vec{\sigma}\cdot[E,\vec{A}] - \frac{e}{c}\vec{\sigma}\cdot[\varphi,\vec{P}]\right\}v$$

$$= \left(\vec{\sigma}\cdot\vec{P}-\frac{e}{c}\vec{A}\right)^2 u + \left(\frac{e\hbar}{ic^2}\,\vec{\sigma}\cdot\frac{\partial\vec{A}}{\partial t} + \frac{e\hbar}{ic}\,\vec{\sigma}\cdot\vec{\nabla}\varphi\right)v =$$

$$= \left(\vec{P}-\frac{e}{c}\vec{A}\right)^2 u + i\vec{\sigma}\cdot\left(\vec{P}-\frac{e}{c}\vec{A}\right)\times\left(\vec{P}-\frac{e}{c}\vec{A}\right)u \underbrace{- \frac{e\hbar}{ic}\left(\vec{\sigma}\cdot\vec{\xi}\right)}v$$

$$-\frac{e}{c}\left(\vec{P}\times\vec{A}+\vec{A}\times\vec{P}\right)$$

$\boxed{\vec{\xi}=\text{electric field}}$
$=-\vec{\nabla}\varphi-\frac{1}{c}\frac{\partial\vec{A}}{\partial t}$

Find then

$$-\frac{e}{c}\frac{\hbar}{i}\nabla\times A = -\frac{e\hbar}{ci}B$$

(14) $\underbrace{\left\{\dfrac{(E-e\varphi)^2}{c^2}-m^2c^2-\left(\vec{P}-\dfrac{e}{c}\vec{A}\right)^2\right\}}u = -\dfrac{e\hbar}{c}\,\vec{B}\cdot\vec{\sigma}\,u - \dfrac{e\hbar}{ic}\left(\vec{\sigma}\cdot\vec{\xi}\right)v$

$\boxed{\text{this part only would yield Klein Gordon equation}}$

Reduce further neglecting $\frac{1}{c^3}$ terms

(15) $E = mc^2 + w$. Then second (13) given in lowest approx.

(16) $\qquad v \approx \frac{1}{2mc}\,\sigma\cdot p\;u$ $\left(\text{good enough for}\right.$

(14) becomes:

$\boxed{\text{use } (\sigma\cdot\xi)(\sigma\cdot p) = \xi\cdot p + i\sigma\cdot\xi\times p}$

(17) $\qquad w\,u = \mathscr{H}\,u$

(18) $\mathscr{H} = \dfrac{1}{2m}\left(\vec{P}-\dfrac{e\vec{A}}{c}\right)^2 \pm \dfrac{e\varphi}{8m^3c^2}\left(p-\dfrac{eA}{c}\right)^4 - \dfrac{e\hbar}{4im^2c^2}\,\vec{\xi}\cdot\vec{p} - \dfrac{e\hbar}{4m^2c^2}\,\vec{\sigma}\cdot\vec{\xi}\times\vec{p} - \dfrac{e\hbar}{2mc}\vec{B}\cdot\vec{\sigma}$ $\big)$

First two terms are classical hamiltonian.
Next two terms are spin independent relativ-
corrections. The interesting terms are the
last two:

(19) $\qquad -\dfrac{e\hbar}{2mc}\,\vec{\sigma}\cdot\vec{B}$

Is energy of mag. mom $\dfrac{e\hbar}{2mc}\,\vec{\sigma}=\mu_0\vec{\sigma}$
in mag. field $\underline{B}$.

(20) $\qquad -\dfrac{e\hbar}{4mc^2}\,\vec{\sigma}\cdot\vec{\mathcal{E}}\times\vec{p}$

is the mutual energy of $\mu_0\vec{\sigma}$ in apparent
magn. field $\vec{\mathcal{E}}\times\dfrac{\vec{v}}{c}\approx\dfrac{1}{mc}\,\vec{\mathcal{E}}\times\vec{p}$ divided
by 2 (Thomas correction) See Lect. 26

36 - Dirac Electron in Central field - Hydrogen atom

Assume

(1) $\varphi = \varphi(r)$ $\vec{A} = 0$

$(26-(9)) \rightarrow$

(2) $H = -e\,\varphi(r) + mc^2 \beta + c\,\vec{\alpha} \cdot \vec{p}$

$(26-(13)) \rightarrow$

(3) $\begin{cases} \dfrac{1}{c}\left(E - mc^2 + e\varphi\right) u = \vec{\sigma} \cdot \vec{p}\; v \\ \dfrac{1}{c}\left(E + mc^2 + e\varphi\right) v = \vec{\sigma} \cdot \vec{p}\; u \end{cases}$

Formulas written for electron of charge $-e$

ang. mom $(34-(35))$

(4) $\hbar \vec{J} = \vec{x} \times \vec{p} + \dfrac{\hbar}{2} \vec{\sigma}'$

Commutes with H. Take then

(5) $\begin{cases} \vec{J}^2 = j(j+1) \quad \text{and} \\ J_z = m \qquad -j \le m \le j \end{cases}$

diagonal

Observe $\vec{\sigma}'$ has same commutation properties
of $\vec{\sigma}$

(6) $\sigma_x'^2 = \sigma_y'^2 = \sigma_z'^2 = 1 \qquad \vec{\sigma}' \times \vec{\sigma}' = 2i\,\vec{\sigma}'$

Then from (4) + (5) allowable values of
$\vec{l}, l_z$ are

(7) $l = j \pm \tfrac{1}{2}$ + $l_z = m \pm \tfrac{1}{2}$

From (3) follows (because $\vec{\sigma} \cdot \vec{p}$ is a pseudoscalar)
that u, v have opposite parity. From this

~~Whole expression~~ find as on p.26-5 two types of solutions.

First type $\left(l=j-\tfrac{1}{2}\right)$

$$
(8)\left\{
\begin{aligned}
u &= \frac{R(r)}{\sqrt{2j}}\left|
\begin{array}{l}
\sqrt{j+m}\;\; Y_{j-\frac{1}{2},\,m-\frac{1}{2}}\\[2mm]
\sqrt{j-m}\;\; Y_{j-\frac{1}{2},\,m+\frac{1}{2}}
\end{array}\right.
\quad\!\!\! = R(r)\,Z_{j,\,j-\frac{1}{2},\,m}\quad \leftarrow 1\text{st}\\[4mm]
&\qquad\qquad\qquad\qquad\qquad\qquad \leftarrow 2\text{nd}\\[2mm]
v &= \frac{iS(r)}{\sqrt{2(j+1)}}\left|
\begin{array}{l}
+\sqrt{j+1-m}\;\; Y_{j+\frac{1}{2},\,m-\frac{1}{2}}\\[2mm]
\mp\sqrt{j+1+m}\;\; Y_{j+\frac{1}{2},\,m+\frac{1}{2}}
\end{array}\right.
\quad\!\!\! = iS(r)\,Z_{j,\,j+\frac{1}{2},\,m}\quad \leftarrow 3\text{rd}\\[4mm]
&\qquad\qquad\qquad\qquad\qquad\qquad \leftarrow 4\text{th}
\end{aligned}\right.
$$

(Dirac components)

Properties of the $Z_{j,\,j\pm\frac{1}{2},\,m}$ dicotomic functions

These functions play the role of the spherical harmonics for problems with spin. They have $l=j\pm\tfrac{1}{2}$

$$(9)\qquad \left(\vec{\sigma}\cdot\vec{x}\right)\left(f(r)\,Z_{j,\,j\pm\frac{1}{2},\,m}\right)=r\,f(r)\,Z_{j,\,j\mp\frac{1}{2},\,m}$$

$$(10)\quad \left(\vec{\sigma}\cdot\vec{p}\right)\left(f(r)\,Z_{j,\,j\pm\frac{1}{2},\,m}\right)=\frac{\hbar}{i}\left(f'(r)+\left(1\pm j\pm\tfrac{1}{2}\right)\frac{f}{r}\right)Z_{j,\,j\mp\frac{1}{2},\,m}$$

Substituting (8) in (3)

$$(11)\left\{
\begin{aligned}
\frac{1}{\hbar c}\left(E-mc^2+e\varphi\right)R(r) &= S'(r)+\left(j+\tfrac{3}{2}\right)S(r)/r\\[2mm]
\frac{1}{\hbar c}\left(E+mc^2+e\varphi\right)S(r) &= -R'(r)+\left(j-\tfrac{1}{2}\right)R(r)/r
\end{aligned}\right.
$$

The two first order eqns (11) are the equivalent
of the single non relativistic radial eqn of the
second order. In their solution

$$R \text{ large}$$
$$S \text{ small} \qquad l = j - \tfrac{1}{2}$$

Another type solution has $l = j + \tfrac{1}{2}$. For
it (8) + (11) are instead

Second Type $\left(l = j + \tfrac{1}{2}\right)$

$$(12) \begin{cases} u = R(r)\, Z_{j,\, j+\frac{1}{2},\, m} \\[2ex] v = -i\, S\, Z_{j,\, j-\frac{1}{2},\, m} \end{cases}$$

And the two coupled radial equations
are instead of (11)

$$(13) \begin{cases} \dfrac{E - mc^2 + e\varphi}{\hbar c}\, R = -S' + \left(j - \tfrac{1}{2}\right) S/r \\[3ex] \dfrac{E + mc^2 + e\varphi}{\hbar c}\, S = R' + \left(j + \tfrac{3}{2}\right) R/r \end{cases}$$

For the Coulomb potential $e\varphi = \dfrac{Z e^2}{r}$
(11) + (13) can be solved exactly (See Schiff
Sect. 44)

For example: ground state of hydrogen-like atom
$j = \frac{1}{2}$, $\ell = 0$ (Use ~~first type~~ (8) (11)) (11) are

$$(14) \begin{cases} \left(\varepsilon - \mu + \frac{z}{r}\right) R = S' + \frac{2}{r} S \\ \left(\varepsilon + \mu + \frac{z}{r}\right) S = -R' \end{cases}$$

$$(15) \begin{cases} \varepsilon = \dfrac{E}{\hbar c} & \mu = \dfrac{mc}{\hbar} & z = \dfrac{Ze^2}{\hbar c} = \dfrac{Z}{137} \end{cases}$$

Try $\qquad R = r^\gamma e^{-\lambda r}$

Substituting in (14) find solution with

$$(16) \begin{cases} \gamma = -1 + \sqrt{1 - z^2} & \lambda = z\mu = Z\dfrac{em}{\hbar^2} \\ \dfrac{S(r)}{R(r)} = \dfrac{1 - \sqrt{1-z^2}}{z} = \text{constant} \end{cases}$$

$$(17) \begin{cases} \varepsilon = \mu\sqrt{1-z^2} \quad or \quad E = mc^2 \sqrt{1 - \left(\dfrac{Ze^2}{\hbar c}\right)^2} = \\ \qquad\qquad = mc^2 - \dfrac{z^2 e^4 m}{2\hbar^2} - \dfrac{z^4 e^8}{8\,\hbar^4 c^2} + \cdots \end{cases}$$

↑ This is non relativistic value
← This is rest energy

Normalized solution is

$$(18) \begin{cases} R(r) = (z\mu)^{\sqrt{1-z^2}} \sqrt{\dfrac{z\mu\left(1 + \sqrt{1-z^2}\right)}{(2\sqrt{1-z^2})!}}\; r^{-1+\sqrt{1-z^2}}\, e^{-z\mu r} \\ S(r) = \dfrac{1 - \sqrt{1-z^2}}{z} R(r) \end{cases}$$

Substitute these in (8) with $j = \frac{1}{2}$, $m = \pm\frac{1}{2}$ to find the two normalized ground state solutions with electron spin up or down

37 - Transformation of Dirac spinors.

Rewrite (35-(7)) Dirac eq.

(1) $\left(\dfrac{mc}{\hbar} + \underset{\sim}{\gamma}\cdot\underset{\sim}{\nabla} - \dfrac{ie}{\hbar c}\underset{\sim}{\gamma}\cdot\underset{\sim}{A}\right)\psi = 0$

Indep. of frame requires: In new frame

(2) $x_\mu \to x'_\mu = a_{\mu\nu}x_\nu$ (Sum over equal indices)

(3) $\psi \to \psi' = T\psi$ $\boxed{T \text{ is } 4\times4 \text{ Dirac-like matrix}}$

(4) $\begin{cases}\nabla_\mu \to \nabla'_\mu = a_{\mu\nu}\nabla_\nu \\ A_\mu \to A'_\mu = a_{\mu\nu}A_\nu\end{cases}$ $\boxed{a_{\mu\nu} \text{ is orthogonal}}$

In new frame same eq. for ψ', ∇', A'

$\left(\dfrac{mc}{\hbar} + \underset{\sim}{\gamma}\cdot\underset{\sim}{\nabla'}\right)\psi' = 0$ $\boxed{\text{omit } A \text{ for brevity}}$

$\boxed{T^{-1}\psi}$ multiply left by T & find

$\left(\dfrac{mc}{\hbar} + T\underset{\sim}{\gamma}T^{-1}\cdot\nabla'\right)\psi = 0$

This must be = (1) without A term, which requires

(5) $\boxed{T\gamma_\mu T^{-1} = a_{\mu\nu}\gamma_\nu}$

Consider infinitesimal transformation

(6) $a_{\mu\nu} = \delta_{\mu\nu} + \varepsilon_{\mu\nu}$ neglect squares of $\varepsilon's$

Orthogonality requirement

(7) $\varepsilon_{\mu\nu} = -\varepsilon_{\nu\mu}$ $\boxed{\varepsilon_{\nu\nu} = 0}$

(8) $\begin{cases}\text{Reality requirement: } \varepsilon_{mn} \text{ are real} \\ \varepsilon_{4n} = -\varepsilon_{n4} \text{ are pure imag.} \quad \begin{matrix}n = 1,2,3 \\ m = \end{matrix}\end{cases}$

Assume T differs from unit matrix by order ε

(9) $\qquad T = 1 + S \qquad$ $\boxed{S \text{ order } \varepsilon}$

then
(10) $\qquad T^{-1} = 1 - S$

and (5) →
(11) $\qquad S\gamma_\mu - \gamma_\mu S = \varepsilon_{\mu\nu}\gamma_\nu$

This condition is satisfied by

(12) $\qquad S = \frac{-1}{4}\varepsilon_{\mu\nu}\gamma_\mu\gamma_\nu$

Therefore

(13) $\qquad T = 1 - \frac{1}{4}\sum_{\mu\nu}\varepsilon_{\mu\nu}\gamma_\mu\gamma_\nu$

Lorentz group combined from infinitesimal transformations (6) on coordinates (13) on ψ

Example: infinitesimal rotation around z

(14) $\begin{cases} x'_4 = x_4 \qquad x'_3 = x_3 \qquad \begin{aligned} x'_1 &= x_1 - \varepsilon x_2 \\ x'_2 &= x_2 + \varepsilon x_1 \end{aligned} \\[4pt] \text{or} \quad \varepsilon_{12} = -\varepsilon \quad \varepsilon_{21} = \varepsilon \quad \text{all others zero} \\[4pt] T_\varepsilon = 1 + \frac{\varepsilon}{2}\gamma_1\gamma_2 = \begin{vmatrix} 1+\frac{i}{2}\varepsilon & 0 & 0 & 0 \\ 0 & 1-\frac{i}{2}\varepsilon & 0 & 0 \\ 0 & 0 & 1+\frac{i\varepsilon}{2} & 0 \\ 0 & 0 & 0 & 1-\frac{i\varepsilon}{2} \end{vmatrix} \end{cases}$

For finite rotation around z by angle φ (take $T_\varepsilon^{\varphi/\varepsilon} = T_\varphi$) find:

(15) $\qquad T_\varphi = \begin{vmatrix} e^{\frac{i\varphi}{2}} & 0 & 0 & 0 \\ 0 & e^{-\frac{i\varphi}{2}} & 0 & 0 \\ 0 & 0 & e^{\frac{i\varphi}{2}} & 0 \\ 0 & 0 & 0 & e^{-\frac{i\varphi}{2}} \end{vmatrix}$

Corresp. transformation of ψ

(16) $\qquad \psi_1' = e^{i\frac{\varphi}{2}}\psi_1 \qquad \psi_2' = e^{-\frac{i\varphi}{2}}\psi_2 \qquad \psi_3' = e^{\frac{i\varphi}{2}}\psi_3 \qquad \psi_4' = e^{-\frac{i\varphi}{2}}\psi_4$

Observe: for $\varphi = 2\pi \qquad \psi' = -\psi$ (Comments)

<u>Example</u>: Infinitesimal Lorentz transform

(17) $\quad \begin{aligned} x_1' &= x_1 - \varepsilon\, tc = x_1 + i\varepsilon x_4 \qquad & x_2' &= x_2 \\ x_4' &= x_4 - i\varepsilon x_1 \qquad & x_3' &= x_3 \end{aligned}$

(18) $\quad T_\varepsilon = 1 - \frac{i\varepsilon}{2}\gamma_1\gamma_4 = 1 + \frac{\varepsilon}{2}\alpha_1 = \begin{vmatrix} 1 & 0 & 0 & \frac{\varepsilon}{2} \\ 0 & 1 & \frac{\varepsilon}{2} & 0 \\ 0 & \frac{\varepsilon}{2} & 1 & 0 \\ \frac{\varepsilon}{2} & 0 & 0 & 1 \end{vmatrix}$

Obtain finite Lorentz transf.

$\boxed{x_0 = ct}$

(19) $\qquad x_1' = \dfrac{x_1 - \beta x_0}{\sqrt{1-\beta^2}} \qquad\qquad x_0' = \dfrac{x_0 - \beta x_1}{\sqrt{1-\beta^2}}$

by iterating (17) a number of times

$\qquad\qquad n = \frac{1}{\varepsilon}\,\mathrm{artgh}\,\beta$

Take corresp

because $\alpha_1^2 = 1$.

(20) $\quad \left\{ \begin{aligned} T_\beta &= T_\varepsilon^n = \left(1 + \frac{\varepsilon}{2}\alpha_1\right)^n = e^{\frac{n\varepsilon}{2}\alpha_1} = \\ &= \cosh\frac{n\varepsilon}{2} + \alpha_1 \sinh\frac{n\varepsilon}{2} = \\ &= \cosh\left(\tfrac{1}{2}\mathrm{artgh}\,\beta\right) + \alpha_1 \sinh\left(\tfrac{1}{2}\mathrm{artgh}\,\beta\right) = \\ &= \sqrt{\frac{1 + \sqrt{1-\beta^2}}{2\sqrt{1-\beta^2}}} + \alpha_1 \sqrt{\frac{1 - \sqrt{1-\beta^2}}{2\sqrt{1-\beta^2}}} \end{aligned} \right.$

Space reflection

(21) $\begin{cases} x'_n = -x_n & n = 1,2,3 \\ x'_4 = x_4 \end{cases}$

(22) $\begin{cases} \psi \to \psi' = T_{ref}\,\psi \end{cases}$

From (5)

(23) $\quad T_{ref}\,\gamma_n\,T_{ref}^{-1} = -\gamma_n \;,\; T_{ref}\,\gamma_4\,T_{ref}^{-1} = \gamma_4$

Satisfied by

(24) $\boxed{T_{ref} = \gamma_4 = \beta}$

Observe:

(25) $\quad T_{ref} = T_{ref}^{-1} = \widetilde{T_{ref}}$

Observe: for our choice of γ_4 (34-(10))

(26) $\quad \psi'_1 = \psi_1 \quad \psi'_2 = \psi_2 \quad \psi'_3 = -\psi_3 \quad \psi'_4 = -\psi_4$

Parity behavior change between ψ_1, ψ_2 and ψ_3, ψ_4. Then: for an even state

(27) $\begin{cases} \psi_1(\vec{x}) = \psi_1(-\vec{x}),\ \psi_2(\vec{x}) = \psi_2(-\vec{x}),\ \psi_3(\vec{x}) = -\psi_3(-\vec{x}),\ \psi_4(\vec{x}) = -\psi_4(-\vec{x}) \\ \text{and for an odd state} \\ \psi_1(\vec{x}) = -\psi_1(\vec{x}) \;;\; \psi_3(\vec{x}) = \psi_3(-\vec{x}) \end{cases}$

Compare with (36-(8)(12)). Find: parity of l = parity of state, for electron states. For positron states the large components are ψ_3, ψ_4 which have parity reversed.

Properties

(28) $\quad T_{ref}\,\gamma_\mu\,\widetilde{T_{ref}} = \begin{cases} -\gamma_\mu & \text{for } \mu = 1,2,3 \\ \gamma_\mu & \text{for } \mu = 4 \end{cases}$ and $\quad T_{ref}\,\beta\gamma_\mu\,\widetilde{T_{ref}} = \begin{cases} -\beta\gamma_\mu & (\mu = 1,2,3) \\ \beta\gamma_\mu & (\mu = 4) \end{cases}$

Dirac spinor operators as scalars, vectors, tensors.

From (8) (13)

> latin indices = 1,2,3
> greek indices = 1,2,3,4
> sum over equal indices

(29)
$$T = 1 - \frac{1}{4}\varepsilon_{\mu\nu}\gamma_\mu\gamma_\nu = 1 - \frac{1}{4}\varepsilon_{mn}\gamma_m\gamma_n - \frac{1}{2}\varepsilon_{4n}\beta\gamma_n$$

$\beta = \gamma_4$ $\gamma_\mu\gamma_\nu + \gamma_\nu\gamma_\mu = 0$ real   imag

$$T^{-1} = 1 + \frac{1}{4}\varepsilon_{\mu\nu}\gamma_\mu\gamma_\nu = 1 + \frac{1}{4}\varepsilon_{mn}\gamma_m\gamma_n + \frac{1}{2}\varepsilon_{4n}\beta\gamma_n$$

$$\widetilde{T} = 1 + \frac{1}{4}\varepsilon^*_{\mu\nu}\gamma_\mu\gamma_\nu = 1 + \frac{1}{4}\varepsilon_{mn}\gamma_m\gamma_n - \frac{1}{2}\varepsilon_{4n}\beta\gamma_n$$

(30)
$\begin{cases} \text{In general } \widetilde{T} \neq T^{-1} \quad (T \text{ non unitary : (comments)}) \\ T \text{ is unitary when } \varepsilon_{4n}=0 \ (i.e. \text{ pure space rotation}) \end{cases}$

Finds

(31)
$$\beta\widetilde{T}\beta = T^{-1}$$
$$\widetilde{T}\beta = \beta T^{-1}, \quad \beta\widetilde{T} = T^{-1}\beta$$

ⓐ Search for spinor matrices behaving as a scalar. Means: for frame change (2)
$$x_\mu \to x'_\mu = a_{\mu\nu}x_n \quad \text{and associated}$$
spinor change
$$\psi \to \psi' = T\psi$$

(32) The expression $\widetilde{\psi}u\psi \to \widetilde{\psi}'u\psi' = \widetilde{\psi}u\psi$

$$\widetilde{\psi}'u\psi' = \widetilde{T\psi}\,u\,T\psi = \widetilde{\psi}\,\widetilde{T}u T\psi$$

Then should be
$$\widetilde{T}uT = u$$
$\widetilde{T}uT = \beta T^{-1}\beta uT = u$ hence $\boxed{\beta^2 = 1}$

$(\beta u)T = T(\beta u)$ satisfied for $T = (29)$

(33) by $\beta u = 1$ and $\beta u = \gamma_1\gamma_2\gamma_3\gamma_4 = \gamma_5$

Two soln's
$$u = \beta 1 \quad \text{and} \quad u = \beta \gamma_5$$

behave differently for space reflection $T_{ref} = \beta$

$$\widetilde{T}_{ref} \cdot \beta 1 \, T_{ref} = \beta \beta 1 \beta = 1 \beta = \beta 1$$

$$\widetilde{T}_{ref} \, \beta \gamma_5 \, T_{ref} = \beta \beta \gamma_5 \beta = \gamma_5 \beta = - \beta \gamma_5$$

Therefore:

$$\beta 1 = scalar \quad \longleftarrow \quad \bar{\psi} \beta 1 \psi$$
$$\beta \gamma_5 = pseudoscalar \longleftarrow \bar{\psi} \beta \gamma_5 \psi$$

Comments on β- factor (notation)

$$\psi^{+} = \bar{\psi} \beta \quad \text{Then}$$

$$\begin{cases} \psi^{+} 1 \, \psi & transforms \ like \ a \ scalar \\ \psi^{+} \gamma_5 \psi & \text{"} \qquad \text{"} \ a \ pseudoscalar \end{cases}$$

Comment: pseudoscalar pion interaction term

$$\varphi \, \psi^{+} \gamma_5 \psi \quad if \ field \ theory$$

Other Dirac operators are such that

$\psi^{+} u_{\mu} \psi$ or $\psi^{+} u_{\mu\nu} \psi$ transform like the

components of ~~four vector~~ four vectors

axial four vectors or ~~an~~ antisymmetric

tensor.

$$\begin{cases} 1 & scalar \\ \gamma_5 & pseudoscalar \\ \gamma_1, \gamma_2, \gamma_3, \gamma_4 & four \ vector \\ \gamma_2 \gamma_3 \gamma_4, \ \gamma_3 \gamma_1 \gamma_4, \ \gamma_1 \gamma_2 \gamma_4, \ \gamma_1 \gamma_2 \gamma_3 & axial \ four \ vector \\ \gamma_2 \gamma_3, \ \gamma_3 \gamma_1, \ \gamma_1 \gamma_2, \ \gamma_1 \gamma_4, \ \gamma_2 \gamma_4, \ \gamma_3 \gamma_4 & antisym. \ tensor \end{cases}$$

(left margin, encircled:)

This means e.g.

$$\psi'^{+} u'_{\mu} \psi' = \psi^{+} u_{\mu} \psi$$

with $u'_{\mu} = u_{\mu}(x)$

(34)

(35)

(boxed note at right:)

Observe: all spinor operators are linear combinations of the 16 below

<u>Time reversal</u> – (General comments)

$$(36) \begin{cases} \vec{x} \to \vec{x} & \vec{A} \to -\vec{A} & \vec{\nabla} \to \vec{\nabla} \\ \vec{x_4} \to -\vec{x_4} & A_4 \to A_4 & \nabla_4 \to -\nabla_4 \end{cases}$$

Then ⓔ ψ a solution of (1)

$$(37) \quad 0 = \frac{mc}{\hbar}\psi + \vec{\gamma}\cdot\left(\vec{\nabla} - \frac{ie}{\hbar c}\vec{A}\right)\psi + \gamma_4\left(\frac{\partial}{\partial x_4} - \frac{ie}{\hbar c}A_4\right)\psi$$

The corresp. time reversed solution ψ' must solve time reversed eq'n of (37)

$$(38) \quad 0 = \frac{mc}{\hbar}\psi' + \vec{\gamma}\cdot\left(\vec{\nabla} + \frac{ie}{\hbar c}\vec{A}\right)\psi' - \gamma_4\left(\frac{\partial}{\partial x_4} + \frac{ie}{\hbar c}A_4\right)\psi'$$

Clearly impossible to solve with $T\psi$.

However

$$(39) \quad \psi' = S\psi^*$$

may work. From (37) $(i \to -i)$

$$(40) \quad 0 = \frac{mc}{\hbar}\psi^* + \vec{\gamma}^*\cdot\left(\vec{\nabla} + \frac{ie}{c\hbar}\vec{A}\right)\psi^* - \gamma_4^*\left(\frac{\partial}{\partial x_4} + \frac{ie}{\hbar c}A_4\right)\psi^*$$

Multiply to left by S. Identify to (38). Require

$$(41) \quad S\vec{\gamma}^* S^{-1} = \vec{\gamma} \qquad S\gamma_4^* S^{-1} = \gamma_4 \qquad \psi' = S\psi^*$$

(41) can be fulfilled e.g for standard form (34-19(16)) of γ's by   see (34-(36))

$$(42) \quad S = i\gamma_1\gamma_3 = \begin{vmatrix} 0 & -i & 0 & 0 \\ i & 0 & 0 & 0 \\ 0 & 0 & 0 & -i \\ 0 & 0 & i & 0 \end{vmatrix} = \sigma_y'$$

费米在物理学上的贡献非常之大，是他奠定了量子电动力学基础并提出 β 衰变理论，他参与创建了世界首个核反应堆——芝加哥一号堆。他还是原子弹的设计师和缔造者之一。费米拥有数项核能相关专利，并在1938年因研究由中子轰击产生的感生放射以及发现超铀元素而获得了诺贝尔物理学奖。

▼费米的 β 衰变理论是对泡利（Wolfgang Pauli，1900—1958）中微子假说的发展。

> 我预言了一种永远找不到的粒子

> 中性，无质量，相互作用弱

泡利

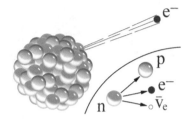

▲β 衰变示意图：一个中子衰变为一个质子并放射出一个电子。为使衰变前后能量守恒，泡利及费米假设在放射出电子同时还会放射出一个（反）中微子，他对 β 衰变的理论解释后来被物理学家称作费米相互作用。这一理论后来发展为弱相互作用理论。这种相互作用是自然界四种基本相互作用之一。

▲β 衰变理论与中微子的提出有直接关系，中微子的发现与一桩"能量失窃案"有关。1914年英国物理学家查德威克（James Chadwick，1891—1974）做放射性实验时，发现放射线物质放射出的 β 粒子有一连续能谱分布，且衰变后的总能量比衰变前的总能量还要少一些。这就是轰动一时的"能量失窃案"。

◀图为由费米发明的一种可以用来研究中子输运的模拟装置。

▶1934年，费米开始领导他的团队利用中子轰击原子核以诱发人工放射性，按照理论当轰击到元素周期表中最后一个元素铀时，会产生出原子序数为93的"超铀元素"。图为用中子轰击铀元素的示意图。

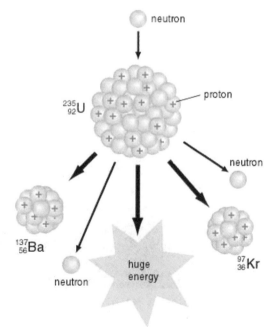

neutron

$^{235}_{92}$U

proton

neutron

$^{137}_{56}$Ba

neutron

huge energy

$^{97}_{36}$Kr

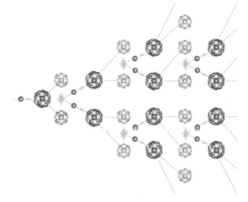

▲当大多数物理学家和化学家都认为费米的确制出了93号元素时，德国的一位女化学家伊达·诺达克（Eda Noddack，1896—1978）一针见血地批评了费米小组的实验和结论，并大胆地设想了一种"全新核反应"的图景。

▲如果费米小组认真听取了伊达·诺达克的意见，他们就会在1934—1935年发现核裂变，而不会让哈恩（Otto Hahn，1879—1968）在1938—1939年发现，并由此获得1944年获诺贝尔化学奖。

▲与发现核裂变擦肩而过的费米并没有沮丧，经过进一步研究他发现铀原子被中子轰击时放出的中子较其吸收的多。这意味着链式反应在理论上是可能的。图为链式反应模式图。

▶费米是最早提醒军方领导人核能的潜在影响的人士之一。罗斯福就此决定成立铀委员会来统筹相关研究。这一委员会后来成为科学研发办公室的一号部门——S-1委员会。图为费米在演讲。

▲图为1939年1月25日，芝加哥大学橄榄球场西看台下的网球场，费米领导的研究团队进行了美国国内首次核裂变实验。

▲第二次世界大战结束时，费米离开哥伦比亚大学，来到芝加哥大学物理系和新成立的核学研究所从事教学和研究。图为芝加哥大学的冶金实验室，当年费米参与了该实验室的建设。

▲图为1942年12月2日芝加哥一号堆首次达到自持状态的所有人的签名。

▲芝加哥一号堆（Chicago Pile-1，CP-1），人类第一台（可控）核反应堆。芝加哥一号堆在1942年11月6日正式开工，并在同年12月2日进行了临界试验。反应堆起初被设计为球形，但最终工程只进行至反应堆恰好能进行临界试验时即中止。芝加哥一号堆是人类原子能时代的开端，它成功开启了人类的原子能时代，为1945年美国第一颗原子弹的成功爆炸奠基。

◀费米主持了世界上第一个原子核反应堆的运转。

▲在"二战"期间，由于很多欧洲移民科学家的建议，美国开始研制原子弹，这个研制工程的代号是"曼哈顿计划"（Manhattan Project），选址在新墨西哥州洛斯阿拉莫斯。费米在这项工程中作为一位主要的科学顾问，继续发挥着重要的作用。

▲1943年11月4日，橡树岭国家实验室运行气冷X-10石墨反应堆，是钚相关研究的一座里程碑。它提供了反应堆设计方面的大量数据。图为X-10石墨反应堆。

▲1944年9月，费米向汉福德B反应堆插入了第一个铀燃料芯块。这个反应堆是为了生产大量的合成钚而设计建造的。它由费米研究团队设计，而后由杜邦公司建造，规模比X-10反应堆更为巨大，并采用水冷。

与洛斯阿拉莫斯的其他人一样，费米也是通过公共广播系统得知在广岛、长崎发生了核爆。图为原子弹爆炸时的景象。

▲1945年7月1日，费米回到芝加哥，被聘为芝加哥大学教授，图为费米在芝加哥大学为学生们讲课时的讲义。

▲图为费米与奥本海默（J.K.Oppenheimer）。

▼1946年7月1日，冶金实验室被升格为阿贡国家实验室。这也是自"曼哈顿计划"中衍生出来的第一个美国国家实验室。图为阿贡国家实验室。

▲ 费米与约翰·冯·诺伊曼一起研究瑞利–泰勒不稳定性。蟹状星云是瑞利–泰勒不稳定性明显的证据。

▲ 费米在阿贡国家实验室与利昂娜·伍兹（Leona Woods, 1919—1986）一起研究中子散射。

◀ 费米还帮助玛丽亚·梅耶（Maria Goeppert-Mayer, 1906—1972）深入理解自旋–轨道耦合。梅耶后来获得诺贝尔物理学奖的研究也是受这一点的启发。

▶ 费米还曾研究过旋涡星系的旋臂中的磁场。图为风车星系（也称为M101或NGC 5457），它是旋涡星系的例子。

费米的物理学生涯充满了传奇，与其他科学巨人不同的是，费米取得举世瞩目成就的一个主要原因是他凝聚并培养了一批顶尖科学家，形成了"费米学派"。费米整个人生的最后12年是在芝加哥大学度过的，他使这所名校成为世界核物理学与粒子物理学的圣地，而他本人就是无数青年学者心目中的"教父"。

▲爱德华多·阿马尔迪（Edoardo Amaldi，1908—1989）意大利核物理学家，欧洲航天局的第三艘自动货运飞船便是以他的名字命名的。

▲欧文·张伯伦（Owen Chamberlain，1920—2006），美国物理学家，因与埃米利奥·塞格雷发现反质子而共同获得1959年诺贝尔物理学奖。

▲杰弗里·丘（Geoffrey Chew，1924—　）美国粒子物理方面的理论物理学家，以强作用力的拔靴带模型著称。他是20世纪60年代理论粒子物理学界的领袖人物。所指导的学生中包括2004年诺贝尔物理学奖得主大卫·葛罗斯和弦理论创始人之一的约翰·施瓦茨。

▲阿瑟·罗森菲尔德（Arthur Rosenfeld，1926—　）美国物理学家和能源学家，前加州能源委员会委员。

▲马尔温·戈德伯尔（Marvin Leonard Goldberger，1922—2014），著名的理论物理学家，曾任加州理工学院校长。

▲杨振宁（右）和李政道（左），美籍华裔物理学家，二人于抗日战争结束后先后从中国辗转到美国芝加哥大学求学，受教于费米。1956年二人共同提出宇称不守恒理论，因而分享1957年诺贝尔物理学奖，成为最早的华人诺贝尔奖得主。

▲埃米利奥·塞格雷（Emilio Segrè，1905—1989），美籍意大利物理学家，因与欧文·张伯伦发现反质子而共同获得1959年诺贝尔物理学奖，犹太人。

▲杰克·施泰因贝格尔（Jack Steinberger，1921—　）生于德国巴特基辛根，德国裔美国物理学家。1962年他与利昂·莱德曼和梅尔文·施瓦茨一起发现了中微子，并因此共享1988年的诺贝尔物理学奖。

▲杰尔姆·弗里德曼（Jerome Friedman，1930—　），美国物理学家，1990年获诺贝尔物理学奖。

Charge conjugation. General comments.

Solutions of (37) contain both electron + positron sol'ns. Then expect that from each solution ψ it should be possible to obtain a ψ' obeying (37) with

(43) $\qquad e \rightarrow -e$

(44) $\dfrac{mc}{\hbar}\psi' + \vec{\gamma}\cdot\left(\vec{\nabla} + \dfrac{ie}{\hbar c}\vec{A}\right)\psi' + \gamma_4\left(\nabla_4 + \dfrac{ie}{\hbar c}A_4\right)\psi' = 0$

Try transform

(45) $\qquad \psi' = C\psi^*$

Apply C to left of compl. conj eq.n (40). Find that it goes into (44) provided:

(46) $\qquad C\vec{\gamma}^* C^{-1} = \vec{\gamma}$, $C\gamma_4^* C^{-1} = -\gamma_4$

For standard form of γ's (34-p 3) Solution of (46) is $C = \gamma_2$

Charge conjugate solution is

(47) $\boxed{\psi_{ch.conj} = \gamma_2\,\psi^*}$

第四部分　诺贝尔物理学奖演讲词

·*Part* IV *Lecture on Nobel Prize in Physics*·

　　从一开始费米就成为美国反应堆研究的主要领导人，毫无疑问他是中子研究方面的最杰出的专家；他有把理论和实验结合起来的超乎寻常的能力，而这种能力非常适合于这项工作。更重要的是，费米的科学风格和他的人格吸引了有才能的合作者；另外，他的体力和精力过人。

——塞格雷[①]

① 著名美国意大利裔实验物理学家，费米的同事兼好友。——编辑注

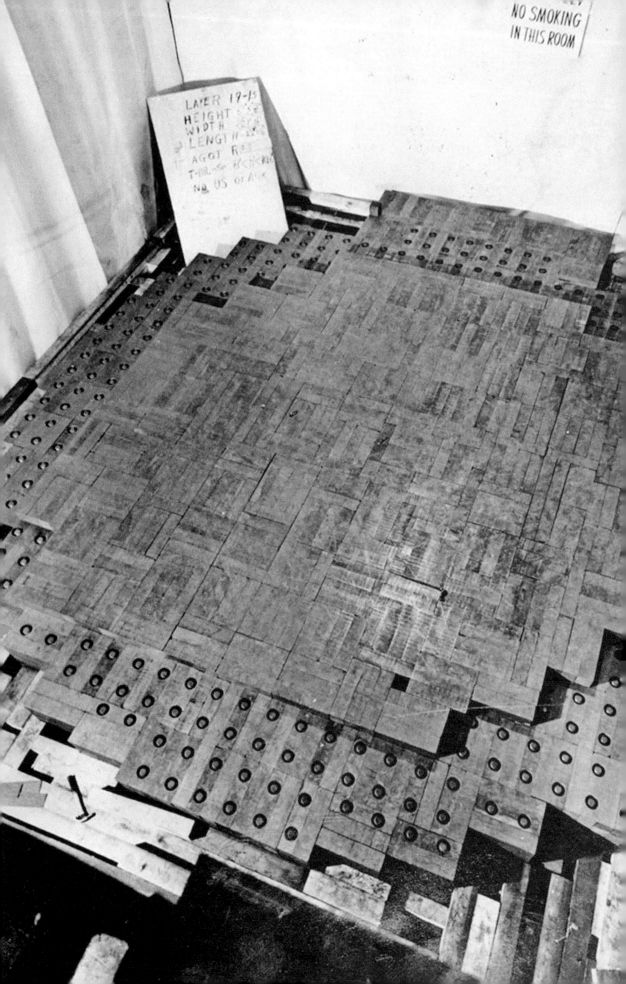

用中子轰击原子核产生人工放射性 ①

　　虽然化学元素相互间的转变问题比起令人满意地定义化学元素的概念要更古老些,但是大家知道,一直到 19 年以前,由于已故的卢瑟福勋爵创造了核轰击的方法,向解决元素转变的问题迈出了最重要的第一步。卢瑟福曾用一些例子说明,快速 α 粒子在轰击轻元素的核时,被轰击的核会发生嬗变,结果,α 粒子被俘获留在核内,并放出一个不同的粒子,在多数情况下是放出一个质子。过程结束后得到的核与原来的不同,差别通常表现在电荷和原子量两个方面。

　　从同位素分析得知,作为嬗变产物而留下的核有时候与一个稳定的核一样,但是一般情况并非如此。新产生的核不同于所有的"天然的"核,原因是新产生的核不稳定,它们会进一步衰变,我们用平均寿命来表示这个特性。在衰变时放出电荷(正的或负的),直到最后达到稳定的形式。在第一次实际上的瞬时嬗变之后,过一段时间才会有电子发射,这就是所谓的人工放射性,这是约里奥和伊伦娜-居里(Joliot and Irène Curie)在 1933 年末发现的。

　　这两位科学家用钋源射出的 α 粒子轰击硼、镁和铝,作出了人工放射性的第一批例证,他们获得了氮、硅和磷三种放射性同位素,他们也成功地用化学分离法从被轰击物质的大量未变原

◀反应堆的建造

---

① 这个报告(FP 128)于 1938 年 12 月 10 日在斯德哥尔摩接受诺贝尔物理学奖时所作,经诺贝尔基金会允许,摘自 *Les Prix Nobel en* 1938 (Stockholm: Imprimerie Norstedt and Söner, 1939.), pp. 1—8.

子中,分离出放射性物质。

中子轰击

在这些发现之后不久,人们发现产生人工放射性似乎不一定非用 α 粒子来轰击。从这一观点出发,我决定用中子来研究轰击的效果。

与 α 粒子相比,中子有明显的缺点,可供利用的中子源所发射的中子数比较少。实际上,中子是作为核反应的产物而放出的,中子的产额很少有超过 10^{-4} 的。然而下面这个事实弥补了它的缺点:中子不带电,它们不需要克服由核周围的库仑场形成的势垒,所以能够到达所有原子的核。此外,中子实际上与电子没有相互作用,所以它们的射程很长,与其他核碰撞的机会相应地要比 α 粒子或质子轰击时多。实际上,中子已被认为是产生核嬗变的有效工具。

在我的这些实验中使用的中子源,是把铍粉末和氡装在一个小玻璃球中,氡的数量是 800 微居里($Ci, 1Ci = 3.7 \times 10^{10} Bq = 3.7 \times 10^{10} s^{-1}$),所以这个中子源每秒大约放出 2×10^7 个中子。这个数字当然比加速器或高压管给出的中子数量小很多,然而它的尺寸小,稳定性高而且非常简单,这些优点有时成了氡+铍中子源的有用的特点。

用中子产生核反应

由于做了第一批实验,我可以证明大多数被试验的元素在中子轰击下变成了放射性的。放射性随着时间的衰减在某些情况下相应于一个单个的平均寿命,而在另一些情况下相应于几条指数衰减曲线的叠加。

我在阿马尔迪(Edoardo Amaldi)、德阿古斯蒂诺(Oscar D' Agostino)、庞特科沃(Bruno M. Pontecorov)、拉赛蒂(Franco Rasetti)和塞格雷(Emilio Segrè)等几位同事的帮助下,对整个周期表中的元素的性质作了系统的研究。在多数情况下也做了化学分析,这是为了确证有放射性的化学元素。对于寿命短的物质,必须在一分钟时间内迅速完成这种分析。用中子产生放射性的初步测定结果可归纳如下:在研究的 63 个元素中,有 37 个很容易探测到放射性,放射性元素的百分比与元素的原子量没有明显的依赖关系。根据化学分析和其他资料,主要是根据同位素分布,可进一步确证有下面三种类型的核反应产生人工放射性:

$$_Z^M A + _0^1 n = _{Z-2}^{M-3} A + _2^4 He \tag{1}$$

$$_Z^M A + _0^1 n = _{Z-1}^M A + _1^1 H \tag{2}$$

$$_Z^M A + _0^1 n = _Z^{M+1} A \tag{3}$$

这里 $_Z^M A$ 是元素符号,原子序数是 Z,质量数是 M,n 是中子的符号。

(1)和(2)两类反应主要发生在轻元素中,第(3)类型反应常发现在重元素中。在许多情况下,在一个元素中可以同时发现三种过程。例如,中子轰击只有一种同位素^{27}Al 的铝,将会产生三种放射性产物:^{24}Na(半衰期为 15 小时,第(1)类过程),^{27}Mg(半衰期为 10 分钟,第(2)类过程),^{28}Al(半衰期为 2~3 秒,第(3)类过程)。

如前所述,重元素通常只按第(3)类过程发生反应,因此,如果不是因为有某些下面将要讨论的复杂因素,以及原来的元素有一种以上的稳定同位素的话,它们的放射性就会是指数衰减的。天然放射性元素钍和铀被中子激发,是这种性质的一个惊人的例外。为了研究这些元素,首先要尽可能彻底地从放射 β 粒子的子物质中提纯这些元素。提纯后,钍和铀只自发地放射 α 粒子,用吸收办法可以直接把它们和由中子引起的 β 放射性区分开。

用中子轰击时,这两种元素都显示出很强的感生放射性。两者的感生放射性衰变曲线表明,产生的某些放射性物质具有不同的平均寿命。从 1934 年春以来我们就试图用化学方法来分离这些放射性的载体,结果表明,铀的某些放射性载体既不是铀的同位素,也不是比铀轻的、直到序数为 86 的那些元素的同位素。我们的结论是,这些载体是原子序数大于 92 的某些元素。在罗马,我们常把 93 和 94 号元素称为 Ausonlium 和 Hesperium。[①]大家知道,哈恩和迈特纳(Lise Meitner)非常仔细广泛地研究了铀的衰变产物,找到了直到原子序数为 96 的元素。[②]

这里需要注意,中子产生的人工放射性除了过程(1)～(3)之外,正如海恩(F. A. Heyn)首先指出的那样,能量足够高的中子也能按下述方式反应:原始的中子不停留在核中,而是从核中打出一个核中子,结果得到一个新的核,它是原来的核的同位素,原子量小了一个单位。最后的效果同核光电效应(玻特)或用快氘核轰击的效果相同。对这种过程产生的放射性物质进行比较之后,得到的最重要结果是证明了存在同质异能核(isomeric nuclei),这是玻特首先证明的。同质异能核类似于同质异能素(isomers)UX_2 和 UZ,它们是很久以前哈恩在研究铀系时确认的。得到充分证实的同质异能性的例子正在迅速增多,随着研究工作的进展,一个非常活跃的研究领域形成了。

慢 中 子

在某些异常情况下,激活强度作为离中子源的距离的函数,明显地决定于中子源周围的物质。对这些效应进行仔细研究后

---

① 即现在的镎(Np)和钚(Pu)。——译者注

② 哈恩和斯托拉斯曼从铀的裂变产物中发现了钡,是铀分裂成大致相等的两部分这一过程的结果,这就有必要重新检验超铀元素的全部问题,因为很可能这些元素当中有许多是铀的分裂产物。

得出了意外的结果，即把中子源和待激活的物体放在大量石蜡中的时候，在某些情况下激活强度增大很多倍，甚至增大到100倍。水也会产生类似的效应。一般地说，含有高浓度氢的物质都有这种效应；不含氢的物质有时也表现出类似的性质，尽管很不明显。

这些结果可以说明如下：由于中子和质子的质量近似相等，所以快中子与静止的质子发生任何弹性碰撞时，都会引起有用的动能在质子和中子之间分配。可以证明，初始能量为10^6伏的中子与氢原子碰撞约20次之后，中子的能量已减少到接近于热运动所对应的数值。因此，中子源在大量石蜡或水内部发射高能中子时，很快就损失了大部分能量而变为"慢中子"。理论和实验都表明，某些类型的中子反应中，慢中子反应的截面比快中子大得多，由此可以说明为什么在石蜡或水内用中子照射时有较大的激活强度。

还必须进一步指出，中子与石蜡中的氢原子作弹性碰撞的平均自由程，随能量的增加而有明显的减小。因此，经过三四次碰撞后，中子能量已经大为降低，扩散到石蜡外边去的概率在慢化过程结束之前，就已经变得很小了。

慢中子被某些原子俘获的截面（cross section for the capture）很大，与此相对应，这些原子应当对慢中子有很强的吸收。我们系统地研究了这些吸收，发现不同元素在这方面的性质有很大的差别。慢中子的俘获截面没有明显的规律性，从10^{-24}平方厘米或更小，直到这个数值的一千倍左右。在讨论俘获截面与中子能量之间的关系之前，我们先来研究一下初始中子与质子碰撞后，它的能量减小到什么程度。

热　中　子

如果中子可以无止境地在石蜡内散射，它们的能量最后必然会达到无规则热运动的平均值。然而,在中子的能量达到这个最低限度以前,它们可能会由于扩散而逃逸出石蜡或被某些原子核俘获。如果中子能量达到热运动值,我们可以预料,慢中子的激活强度将与石蜡的温度有关。

在发现慢中子以后不久,我们就曾试图找出激活强度与温度之间的关系,但是由于精确度不够,我们没有成功。数月后,穆恩和梯尔曼在伦敦证明了激活强度对温度的依赖关系,正像他们说明的那样,当使中子减速的石蜡从室温冷却到液态空气的温度时,几个探测器的激活明显地增加了。这个实验明确地说明,有很大比例的中子实际上达到了热运动的能量;另一个结论是,散射过程必定在石蜡内持续了比较长的时间。

为了能够直接测量这个时间的数量级,我和我的同事们做了一个实验。中子源固定在一个旋转的小轮边缘上,两个相同的探测器也放在这个边缘上,它们到中子源的距离相等,以旋转方向而言一个在前,一个在后,轮子在一块大石蜡的裂缝中高速旋转。我们发现,当轮子静止时,两个探测器的激活强度相同,轮子在激活期间旋转时,中子源后面的那个探测器的激活强度比前面的那个大得多。由这个实验得出的结论说,中子停留在石蜡内的时间是 10^{-4} 秒的数量级。

在不同的实验室用不同的设备进行了另一些机械测量,例如,邓宁(John Dunning)、芬克(G. Fink)、密切尔(Dana P. Mitchell)、佩格拉姆(George B. Pegram)和塞格雷在纽约建造了一个机械选速器,直接测量证明,大量散射到石蜡块外部的中子,它们的速度实际上与热运动的速度相当。

中子的能量减小到与热运动相当的数值后,它们继续散射,平均能量不再变化。阿马尔迪和我对这种散射过程的研究表明,热中子在石蜡或水中的散射,在俘获之前可以达到 100 次的数量级。但是,因为热中子在石蜡中的平均自由程很短(大约0.3厘米),所以在散射过程中热中子的总位移很小(2～3厘米的数量级)。当中子被俘获后(一般是被一个质子俘获而产生一个氘核），散射就告结束。俘获概率的数量级可以计算，为此我们要假设，从自由中子状态变为中子被束缚于氘核的状态，是由于质子和中子的磁偶极矩所致。计算的结果和实验符合得很好。在这一过程中结合能是以 γ 射线的形式释放出的，这是 D. E. 李首先发现的。

所有慢中子被任何一种核俘获的过程，通常都伴随着放出 γ 射线：核俘获中子后立刻处于高激发状态，在达到基态之前放出一个或几个 γ 量子。拉赛蒂和弗莱施曼（R. Fleischmnn）曾研究过这一过程中放出的 γ 射线。

反 常 吸 收

假设中子的能量与核内相邻能级之差相比很小，理论讨论后得到的中子被俘获的概率是：俘获过程的截面应当与中子的速度成反比。这些结果与实验观察到的慢中子轰击效率高，在定性上是十分相似的，但另一方面，却不能解释吸收过程的一些特性，现在我们就来讨论这些特性。

如果中子的俘获概率与它的速度成反比，我们就可以预料，适当选择两个慢中子吸收体的厚度，使它们对一定能量的中子有相等的吸收，那么，作为慢中子吸收体的两种元素的行为应当完全相同。穆恩、梯尔曼等科学家不久就发现：吸收遵循着更复杂的规律。他们指出，如果靠一定的元素中的感生放射性的活度来探测慢中子，那么该元素的吸收一般比较大。纽约的邓宁、佩格拉姆、拉赛蒂等人用直接的机械实验也证明，这个简单的反比定律是不成立的。

1935 年到 1936 年之间的冬季，阿马尔迪和我对这些现象进行了系统的研究。结果是，每个慢中子吸收体都有一个以上的特性吸收谱带（characteristic absorption bands），一般是能量小于 100 伏的情况。除了这个或这些吸收谱带以外，对于热能量的中子来说，吸收系数总是比较大。有些元素（特别是镉）的特性吸收谱带和热能量区的吸收重叠。因此，这种元素强烈地吸收热中子，而对于高能中子来说，它几乎是"透明"的。因此用镉箔可以从内部有中子源的石蜡射出来的复杂辐射中滤掉热中子。

玻尔、布赖特和维格纳各自对上述反常现象提出了解释，他们认为，这是由于与复合核（compound nucleus）的虚能级（virtual energy level）发生了共振的结果（复核就是被轰击核和中子构成的核）。玻尔还进一步定性地解释说，在与慢中子能谱带相对应的100伏（V）能量的间隔内，有很大可能至少存在一个这样的能级。然而，这个能带对应着复核的数兆伏（MV）的激发能，它代表着中子的束缚能。玻尔指出，由于核（尤其是重核）是一个自由度很多的系统，因此相邻能级的间隔随激发能的增加而迅速减小。对这个间隔的计算表明，尽管于低激发能来说间隔的数量级是 10^5 V，然而对于数量级为 10 V 的高激发能来说，间隔却减小到小于 1V（对中等原子量的元素而言）。看来下面的假设是合理的：在慢中子能带内含有一个（或多个）那样的能级，这就解释了经常观测到的反常吸收现象。

在结束我关于中子产生人工放射性的汇报之前，我要感谢所有对这项研究作出过贡献的人们。我特别感谢前面提到的我的合作者，感谢罗马国立公共卫生研究院，特别地要感谢特拉拉巴齐（G. C. Trabacchi）教授，他提供了我们需用的全部氡源。意大利国家研究协会也提供了很多援助，我在此一并表示感谢。

附　录

· Appendix ·

　　你的研究结果有着重大意义。祝贺你没有囿于理论物理学的圈子，你从入手的开始就达到了成功，这将是未来理论物理学的好兆头。

——卢瑟福

一、诺贝尔奖委员会授奖词

（瑞典皇家科学院普雷叶教授致词）

由于我们今天知道了原子结构，我们才完全理解古代炼金术士的想法是毫无希望的；他们想使元素相互转变，想把铅和汞变成金子。他们采用的方法不可能触及原子的本质，即原子核（atomic nucleus）。物质的化学亲和力和大多数物理现象（例如辐射）都起源于原子最外层的电子（electron）。电子很轻，带负电并绕原子核做轨道运动。然而，原子的特性和致使原子之间彼此不同的决定性因素是核的单位正电荷数，或者说质子数。正是这些电荷把轻而带负电的电子维持在一起。这些电子像行星围绕太阳那样分布在以核为中心的圆形壳层上。

我们目前所了解的一切表明，原子核是由两种类型的粒子组成的：一种是由于不带电而被称为中子（neutron）的重粒子，另一种是与中子有同样质量，但带一个单位正电荷的所谓质子（proton）。质子也就是最轻的原子核——氢原子核。氦核有两个质子和两个中子，碳原子核有 6 个质子和 6 个中子，等等。如果按核中的质子数或者说单位电荷数把原子编号，那么氢的编号是 1，铀的编号是 92，这是目前所知道的最重的元素。

同时也发现，原子核包含的中子数可以少于或多于正常的数目，这些原子称为同位素。同位素和正常的原子有同样的物

◀劳拉·费米出席第二十届原子能科学家大聚会

理化学性质，只是质量不同而已。我们举一个同位素的例子，尤利（Harold. C. Urey）发现的重氢原子是所谓的重水的组成部分，氢有两种同位素，它们的核中分别含有一个和两个中子。

长久以来，人们一直想把一种元素变成另一种元素。经过毫无结果的尝试之后，在上个世纪，人们产生了一个牢固的信念，认为 92 种不同的元素是构成物质的不可再分的和不可变化的单元。因此，当 1892 年法国人安东尼·贝克勒尔（Antoine H. Becquerel）发现了铀元素衰变放出强辐射时，引起了很大的轰动。对这种辐射的研究表明，射线中含有从铀原子中高速放射出的氦核。当一部分铀核突然分裂时会形成新的物质，它们又会继续嬗变（transmutation）下去，再产生出辐射，直到最后形成稳定的产物，就是铅。在这一系列产物中也包括强放射性的镭。居里夫人（Madame Curie）发现了它并能成功地生产它。铀的放射性被发现后不久，又证明了另一种元素钍也有同样的性质，后来又发现另一种元素锕也有这种性质。后两种元素嬗变的最后产物也是铅，但是这三种铅核的中子数不同。由铀产生的铅核有 124 个中子，由钍产生的铅核有 126 个中子，而由锕产生的铅核有 125 个中子。这样，我们有了铅的三种同位素，在大自然中发现的铅通常是这三种同位素的混合物。

这里有一个问题必须指出，无论物质的放射作用多么强，在很多情形下嬗变的原子数只占总数的很小一部分。铀原子数衰变掉一半所需的时间是 45 亿年，镭的半衰期是 1600 年，其他一些放射性物质的原子数衰变一半只需几秒钟或几年。

元素的原子是不变的这一概念必须抛弃，所以人们又回到炼金术士转换元素这个老问题上来了。恩斯特·卢瑟福（Lord Enerst Rutherford）勋爵首先提出了一个思想，认为有可能用天然放射性物质放射出的高速重氦核来打碎原子。他取得了几次成功。我们举例说一下。如果用氦核轰击氮核，就会从氮核中放出一个氢核，剩下的部分与俘获的氦核一起形成氧核，于是就把氦和氮变成了氧和氢。然而，用这种方法得到的不是普通有

8个中子的氧原子，而是有9个中子的氧原子，就是说，我们得到了氧的一种同位素。自然界中也有这种同位素，不过很少，在12 500个普通氧原子中只能找到一个氧的同位素原子。

后来，约里奥·居里(Joliot Curie)夫妇继续进行卢瑟福分裂原子的实验，其中也有用氦核作为轰击核的。他们发现，当形成新的同位素时，这些同位素常常是放射性的，衰变时有放射性辐射。这一发现十分重要，它意味着有可能用人工方法获得可以代替镭的物质，因为镭很昂贵，而且很难得到。

但是，用氦核和氢核不能使原子序数大于20的原子分裂，只有周期表中较轻的那些元素才能被它们轰击分裂。

今天的诺贝尔奖获得者费米教授成功地击碎了周期表中较重的元素，甚至是最重的元素。

费米的实验用中子来轰击其他粒子。

前面我们说过，中子是构成原子核的基本成分之一，然而中子的存在仅仅是最近才发现的。卢瑟福猜到了有不带电的重粒子存在，并把它命名为中子。他让他的学生查德威克(James Chadwick)在铍受放射性物质作用时，放出的强辐射中寻找中子。对于原子核裂变来说，作为轰击物，中子具有特别合适的性质。氦核和氢核都带电，带电粒子靠近原子核时会产生很强的电排斥力，这个斥力会使轰击粒子偏转方向。不带电的中子可以不受任何阻碍地一直前进，直到与原子核直接相碰。由于原子核比原子小得多，所以这种碰撞的机会很少。实验表明，中子束能够穿透几米厚的装甲板而不明显地减小其速度。

费米用中子轰击原子核所取得的成果，具有无法估量的价值，它使人们对原子核的结构有了新的认识。

最初使用的辐射源是铍粉末和一种放射性物质的混合物，今天，中子是用重氢核轰击铍或锂而人工产生的。这些物质放出高能量的中子，这样产生的中子束特别强。

用中子轰击时，中子被原子核俘获。对于较轻的元素来说，将会打出一个氢核或一个氦核；然而，对于较重的元素来说，因为原子各部分的结合力很强,就目前的方法所能得到的中子速度来说,没有任何实物部分能被轰击出来。多余的能量都以电磁辐射的形式(γ 射线)散失掉。由于电荷未变,因此得到了原来物质的同位素。在多数情况下,这种同位素是不稳定的,会在衰变时放出放射性辐射。一般地,放射性物质就这样产生了。

费米和他的同事用中子做了第一次实验之后大约 6 个月,他们偶然的一个新发现具有非常重大的意义。他们观察到,当射线通过水或石蜡时,中子照射的效果常常有很大的加强。对这个现象稍加研究表明,中子在与这些物质中的氢核碰撞时速度变慢了;与人们所想象的相反,慢中子的效应看来比快中子的更强。此外还发现,某一速度下的效应最强,这个速度因物质不同而异。这个现象可以同光学和声学中的共振相比拟。

费米和他的同事们用慢中子,成功地制造了除氢和氦以及部分放射性物质外的所有元素的放射性同位素,获得了 400 多种放射性物质,某些物质的放射性比镭还要强。这些物质半数以上是用中子轰击而产生的。这些人工放射性物质的半衰期比较短,从 1 秒到几天不等。

如上所述,用中子照射重元素时中子被核俘获,并结合形成原物质的同位素。这种同位素是放射性的。可以证明,当该同位素衰变时,会有电子放出,从而形成正电荷更多的新物质,因而是序数更高的物质。

费米发现的重物质受中子照射时出现的规律,带有普遍性。当他把这个规律应用于元素序列最后一个元素铀时(序数为 92),就有了更加特殊的意义。按照这一规律,第一个衰变产物应该是有 93 个正电荷的元素,这个新元素应在原有的序列之后。费米对铀的研究很有可能得出一系列新的元素,这些元素应当超过迄今认为是最重的元素——序数为 92 的铀。费米还成功地得出了序数为 93 和 94 的两种新元素,他称它们为 Ausenium 和 Hesperium。[①]

费米的重大发现与他的实验技巧、杰出的创造性及才智是分不开的。他的这些品格体现在他所创造的精练的研究方法中,他证明了这些极微量的新生成物的存在。费米的才智还表现在他对放射性物质衰变速度的测量上,特别是在许多半衰期不同的裂变产物同时存在的情况下。

费米教授,瑞典皇家科学院决定授予您 1938 年诺贝尔物理学奖,以表彰您发现了整个元素领域中的新的放射性物质,表彰您在研究过程中发现了慢中子方法。

我们向您表示祝贺。您出色的研究工作使人们对原子核结构有了新的认识,同时为进一步研究原子开辟了新的前景,我们由衷地钦佩您。

现在请您接受国王陛下授奖。

---

① 93 号和 94 号元素分别为现在的镎和钚。

二、杨振宁回忆费米

他永远脚踏实地

—— 纪念费米诞辰 100 周年

费米（Enrico Fermi）是 20 世纪所有伟大的物理学家中最受尊敬和崇拜者之一。他之所以受尊敬和崇拜，是因为他在理论物理和实验物理两方面的贡献，是因为在他领导下的工作为人类发现了强大的新能源，而更重要的是因为他的个性：他永远可靠和可信任；他永远脚踏实地。他的能力极强，却不滥用影响，也不哗众取宠，或巧语贬人。我一直认为他是一个标准的儒家君子。

费米最早在物理学中的兴趣似乎在广义相对论方面。1923 年左右他开始深入探讨统计力学中的“吉布斯佯谬”（Gibbs Paradox）和“绝对熵常数”（Absolute Entropy Constant）。然后，正如塞格雷所写的：

当他读了泡利关于不相容原理的文章后，立即意识到他已掌握了理想气体理论的全部要素。这个理论能在绝对温度零度时满足能斯特定理（Nernst Theorem），提供低密度高温度极限时绝对熵的正确的萨库尔-特罗德公式（Sackur-Tetrode Formula）。这个理论没有形形色色的任意假设，而这些假设是以前统计力学中求正确的熵值时必须引入的。[1]

---

[1] Segrè E. *Collected papers of Enrieo Fermi*. Chicago：University of Chicago Press，1962：178.

这项研究导出了费米的第一项不朽的工作，导出了"费米分布""费米球""费米液体""费米子"等概念。

按照费米研究风格的特点，在做出了这个理论方面的贡献以后，接着他就把此理论用到重原子的结构，导出了现在通称的托马斯-费米方法（Thomas-Fermi Method）。对于这个方法中的微分方程：

费米用一个小而原始的计算尺求出了其数值解。此项计算也许花了他一个星期。马约拉纳（E. Majorana）是一位计算速度极快而又不轻信人言的人。他决定来验证费米的结果。他把方程式转换为里卡蒂方程（Riccati Equation）再求其数值解。所得结果和费米得到的完全符合。[①]

费米喜欢用计算器。不论是小的还是大的计算器他都喜欢用。我们这些在芝加哥的研究生们都看到了他这个特点而且都很信服。显然在事业的早期，他就已爱上了计算器。这个爱好一直延续到他的晚年。

费米下一个主要贡献是在量子电动力学方面，他成功地排除了纵向场，得到了库仑相互作用。1946 年至 1954 年间在芝加哥的学生们都知道他对这个工作极为自豪（可是在今天，65 岁以下的理论物理学家似乎已经很少有人知道费米的这一贡献了）。这一工作又是极有费米风格的：他看穿了复杂的形式场论，看到了其基本内含——谐振子的集合，进而化问题为一个简单的薛定谔方程。这项工作 1929 年 4 月他第一次在巴黎提出，1930 年夏在安阿伯（Ann Arbor）有名的夏季研讨会中再次提出来。20 世纪 50 年代后期，乌伦贝克（G. Uhlenbeck）曾告诉我，在费米的这项工作以前，没有人真正了解量子电动力学。这个工作使得费米成为世界上少数几个顶尖的场论物理学家之一。

现在我跳过费米 1920 年在超精细结构理论中绝妙的工作

---

① Raaetti E. *Collected papers of Enrieo Fermi*. Chicago：University of Chicago Press，1962：277.

来讲他的 β 衰变理论。按照塞格雷的讲法,费米终其一生都认为这个理论是他在理论物理学中最重要的贡献。我曾读过塞格雷在这方面的评论,但是感到迷惑不解。20 世纪 70 年代的一天,我和维格纳(E. Wigner)在洛克菲勒大学咖啡室中曾有过下面一段谈话。

杨振宁:你认为费米在理论物理中最重要的贡献是什么?

维格纳:β 衰变理论。

杨振宁:怎么会呢? 它已被更基本的概念所取代。当然,他的 β 衰变理论是很重要的贡献,它支配了整个领域四十多年。它把当时无法了解的部分置之一旁,而专注于当时能计算的部分。结果是美妙的,并且和实验结果相符。可是它不是永恒的。相反,费米分布才是永恒的。

维格纳:不然,不然,你不了解它在当时的影响。冯·诺伊曼(John von Neumann)和我以及其他人曾经对 β 衰变探讨过很长时间,我们就是不知道在原子核中怎么会产生一个电子出来。

杨振宁:不是费米用了二次量子化的 ψ 后大家才知道怎么做的吗?

维格纳:是的。

杨振宁:可是是你和约尔丹(P. Jordan)首先发明二次量子化的 ψ。

维格纳:对的,对的,可是我们从来没有想到过它能用在现实的物理理论里。

我不拟再继续讲费米此后的贡献,也不拟讲他和学生们的关系。后者,我在以前已经写过。[①] 我只讲两个关于费米的故事。

琼·欣顿(Joan Hinton,中文名寒春)是第二次世界大战中费米在洛斯阿拉莫斯的助手之一,战后成为芝加哥大学的研究

---

① Yang C N. *Collected papers of Enrico Fermi*. Chicago: University of Chicago Press, 1962: 673.

生。当我 1946 年后期开始为艾利森（Samuel King Allison）工作时她也在这个实验室当研究生。1948 年春她去了中国，和她的男朋友恩斯特（Sid Engst，中文名阳早）结婚，并定居中国，从事农业（她的经历是一个应该写下来的很有意思的故事。我希望她能很快做这件事）。1971 年夏我来到中国，这是在尼克松访问中国之前半年。我偶然在昔阳县大寨的招待所中遇到了她。大寨是当时农业公社的一个模范典型。我们当然又惊又喜，共同回忆了在芝加哥的那些日子：我在实验室里是怎样的笨拙；我是怎样在无意中几乎使她受到致命的电击；我怎样教了她几句中文；我怎样借了一部汽车开车送她去拉萨尔（La Salle）车站，开始她去中国的漫长的旅程，等等。她问我还记不记得在她离开前费米夫妇为她举行的告别会，这我记得。她又问我记不记得那天晚上他们送她的照相机，这我不记得了。然后她说在告别会前几天，她觉得应该告诉费米她打算去中国共产党控制区。考虑几天以后她终于告诉了费米。费米说什么呢？"他没有反对，对此我永生感激。"我知道她的这句话的分量，[①]回到石溪后我立刻给在芝加哥的费米夫人打了电话，告诉她我在大寨遇到琼的全部过程。几年以后，琼自己到了芝加哥，有机会访问了费米夫人和她的女儿内拉·费米（Nella Femi）。

现在引述我的《选集》（1983）第 48 页中的一段话作为结束。

不论是作为一位物理学家还是作为一个人，费米深为所有的人所崇敬。我相信，他之所以使人肃然起敬是因为他是一个扎实的人。他的所有表现无不散发出他的这种品格的魅力。20世纪 50 年代早期，美国原子能委员会极重要的顾问委员会的主席奥本海默告诉我，他曾试图劝说费米在任期满后继续留在顾问委员会中。费米不愿意。奥本海默坚持。最后费米说道："你知道，我不相信我自己在这些政治问题方面的见解总是正确的。"

---

① 　寒春是在 1948 年去的中国，那时中国共产党还没有战胜蒋介石，朝鲜战争是在两年之后才爆发。如果在朝鲜战争爆发后她想去中国，我确信美国政府不会允许她离开美国。

[后记] 人们常说，在所有 20 世纪物理学家当中费米（1901—1954）是独一无二的，在理论和实验上都做过一流的贡献。我要指出在另一方面他也是独特的：他从来没有有意识或无意识地试图将他的声望和影响力，膨胀到现实或他真实的自己的范围之外。为了强调这一点我选了莎士比亚的第 94 首十四行诗中的八行来介绍费米。不幸当上述这篇文章在 2004 年《费米回忆录》发行时，最后一行被排版工人遗漏了。相反的，奥本海默（1904—1967）和特勒（E. Teller, 1908—2003）都享有而且追求权力和影响力。我相信这是他们之间的冲突，和他们很不相同的悲剧性命运的主要原因。

当我在上述这篇文章中写到费米时说：

他永远脚踏实地。他的能力极强，却不滥用影响，也不哗众取宠，或巧语贬人。我一直认为他是一个标准的儒家君子。

我认为这样的人品在今天的美国是不多见的。美国社会似乎将它的杰出人士推向相反的方向。奥本海默、特勒、费恩曼（R. P. Feynman）、库恩（T. Kuhn），各有自己的一套取悦观众、标榜自己的方法。

美国的科学在突飞猛进，成功的美国科学家们常常是极端进取而锋芒毕露的。难道这两件事是相关的吗？

但是我知道中国儒家的楷模，即使是在今天，也非常具有活力。曾任中国科学院院长的周光召作为一个普通人和物理学家，我为他写了下面的一段话：

周先召是一位顶尖的物理学家。他视野开阔，影响力深远，并且能够快速地洞悉新思想。他做物理研究的风格让我想起了朗道（Lev Davidovich Landau）、萨拉姆（Mohammad Abdus Salam）和特勒。但是从我个人角度看，周光召是一个完美的儒家思想实践者，而不像美国、俄罗斯和欧洲其他国家的许多名物理学家那样咄咄逼人。

在芝加哥大学的日子

—— 回忆费米[①]

第二次世界大战结束时,费米到了芝加哥大学工作,在物理系和新建立的核学研究所(该所现在以他的名字命名)。那时,大学里的学术研究工作和研究生教学正在恢复中,为战争所耽误的学生们蜂拥般地回到了校园。芝加哥大学物理学研究生的注册人数特别多。他们之中究竟有多少人为费米的名字所吸引而前来芝加哥,我们很可能永远不会知道。就我个人来说,即是这些人中的一个。当 1945 年 11 月由中国来到美国时,我便已经决心跟随费米或维格纳[②]学习。但是我知道,战争工作使得他们减少了自己大学的人员。我记得有一天,在我抵达纽约之后不久,我步履艰难地沿着住宅区走上了普平的第八层楼去打听是否费米教授即将开课。秘书们都以茫然不知的表情对着我。我接着到了普林斯顿,感到深为失望的是,维格纳下一学年又几乎不可能到学生中来。不过在普林斯顿,我通过张文裕了解到了一些传闻,说是一个新的研究所在芝加哥已经建立,费米将参加这个研究所。于是我到芝加哥去,在芝加哥大学注上册,但还不觉得完全放心,直到 1946 年 1 月费米开始他的授课时我亲眼看见了他。

正如大家都知道的,费米讲课非常清晰、透彻。他以一种自己所特有的风格,对于每个题目常常是开头讲些简单实例,并尽可能地避免"形式主义"(他曾开玩笑说,复杂化的形式主义像是"高级牧师")。他论据的极端简明令人产生了不费力气似的印象。可是这种印象是虚假的,简明是细心准备的结果,是审慎惦

---

① 本文译者陈光,标题为本书编辑所加,原文无标题。

② 1963 年度诺贝尔物理奖获得者。

量各种描述方案的结果。1949 年春天，当费米正在讲授"核物理"课程时［该课内容后来由奥里尔（Orear）、罗森菲尔德（Rosenfeld）和斯克鲁特（Schluter）整理成书出版］，他要离开芝加哥几天。他要求我接替他一次课，并给了我一个小笔记本，其中他已经细心地准备了每一讲的绝大部分细节。在他离开之前，他同我一起精心推敲讲稿，对所列举的每个描述线条的论据进行解释。

费米习惯于（每周一次或两次）不期而来地为研究生小组进行非正式的讲课。小组集拢在他的办公室，由某个人（或者费米自己，或者一个研究生）提出特定的题目来讨论。费米通过他细心编入笔记本中的索引来找出他关于这题目的笔记，接着把它介绍给我们。我保存着 1946 年 10 月至 1947 年 7 月他晚上讲课时我所作的笔记，它包括下列这些原始顺序的题目：恒星的内部构造和演化的理论，白矮星的结构，Gamov-Schönberg 关于超新星的思想（中微子由于电子被原子核所俘获而冷却下来），Riemann 几何学，广义相对论和宇宙学，Thomas-Fermi 模型，极高温度和极高密度中的物质状态，Thomas 因子-2，常态下的中子散射和标准氢，同步辐射加速器，Zeeman 效应，回路噪音的"Johnson 效应"，Bose-Einstein 凝聚（作用），多重周期系和 Bohr 量子条件，Born-Infeld 基本粒子理论，统计力学基础的简要描述，介子在物质中的减速，中子在物质中的减速。这些讨论保持在初级水平上。重点常常放在题目的本质部分和实际部分；探讨几乎都是直觉的和几何学的，而不是分析的。

事实上，费米保存了过去这几年关于物理学各种各样课题的详细笔记，围绕着从纯粹理论的到纯粹实验的，从像极坐标应用于三体问题这样简单的问题到像广义相对论那样深奥的课题，它对于我们所有人来说都是一门重要课程。我们知道，那就是物理学。我们知道，物理学不应该是专家的一种课题，物理学是从地面开始，一块砖又一块砖地，一层又一层地建造上去的。我们知道，抽象观念是在细致的基础工作之后，而不是在那以前。我们也从这些讲课中知道，费米以使用台式计算机做简单数字计算为乐趣，而不是反感。

除了正式课和非正式课之外，费米还把他的几乎全部午餐时间都交给了研究生（至少在 1950 年以前情况是这样）。在这些午餐时间中，谈话自然包括了一大片课题。我们注意到，费米像一个有点保守的人那样具有非常独立的精神。我们注意到，他厌恶不管什么类型的狂妄自大。有时侯他向我们提出有关我们研究工作的一般建议。我记得他强调的是，一个人在年轻时，应该把他的主要时间致力于简单的实际问题，而不应该陷入某一基础问题之中。

论文第 239 号[1]是费米和我在 1949 年夏天写的。正如论文中所清楚声明过的，我们实在没有任何幻觉，竟然以为我们无论提出什么都能符合实际。其实，我倾向于埋头在笔记本上工作而根本不发表它。费米说，无论如何，作为一个学生要会解答习题，但是作为一个研究工作者则要会提出问题；他认为我们提出的问题值得发表。这里我可以加上一句，这问题今天（1963 年）仍然没有解决。

正像塞格雷[2]在他为费米论文集而作的序言中所评述的，一个非常重要的问题，即费米曾帮助提出了在核壳层模型中自旋轨道的相互作用［参见 M. G. Mayer[3] 在她论文末尾的感谢话，*Phys. Rev.* 75，1969（1949）］。另一问题，即费米是核子守恒概念的第一个提出者［参见杨振宁，和 J. Tionmo 论文脚注 12，*Phys. Rev.* 79，495（1950）］。我还应该提到，费米一直是非常关心宇称守恒问题［参见《国际核物理与基本粒子物理讨论会记录汇编》，由芝加哥大学核学研究所 J. Orear，A. H. Rosenfeld 和 R. A. Schluter 编辑，1951，第 2 页和第 109 页］（参见论文第 245 号）。

---

① 即《介子是基本粒子吗？》(*Are Mesons Elementary Particles?*)——译者注

② 1959 年诺贝尔物理奖获得者。费米的第一个（罗马时期）研究生和终生朋友。

③ 1963 年诺贝尔物理奖获得者。

　　1954 年下半年,费米得了致命的病。当时在哥伦比亚大学工作的 Murray Gell-Mann 和我一起赶到芝加哥"Billings 医院"看望他。当我们进入他房间时,他正在读一本书,这是一本关于人依靠自己的意志力成功地战胜古怪离奇的自然灾祸的小说集。他身体非常虚弱,但只有几分悲哀而已。他非常平静地告诉我们有关他的状况:医生曾经说过,他可以回家一些日子,但他将不会活过几个月时间。他接着从病床旁边拿出笔记本给我们看,说那是他自己关于核物理学的笔记。他曾打算,当他离开医院,在两个月的离开期间中对它进行修订以供发表。Gell-Mann 和我都为他的简单决定和他对物理学的献身精神弄得如此不知所措,以致我们好一会儿都不敢正眼看他(费米在我们看望他不到三个星期就逝世了)。

　　据说,一个人生命的长短不应该以年纪来计算,而应该以他成功地度过的各种经历来量度。恩里科·费米,在他许多经历的一段中,作为芝加哥大学的一位导师,曾经直接地和间接地影响过如此众多的、不言而喻是与我同代的物理学家们。以下就是 1946 年至 1949 年在芝加哥大学获得他的研究生教育的一些物理学家的名单(我是 1949 年离开芝加哥大学的,而且不熟悉费米后来的学生):H. M. Agnew,H. V. Argo,O. Chamberlain[1],G. F. Chew[2],G. W. Farwell,R. L. Garwin[3],M. L. Goldberger[4],D. Lazarus,李政道[5],A. Morrish,J. R. Reitz,M. N. Rosenbluth,W. Selove,J. Steinberger[6],R. M. Sternheimer,S. Warshaw,A. Wattenberg,L. Wolfenstein,H. A. Wilcox,杨振宁[7]。

[*The Collected Papers of Enrico Fermi*(Ⅱ卷)]

---

[1]　1959 年诺贝尔物理学奖获得者,美国全国科学院成员。
[2]　美国全国科学院成员。
[3]　美国全国科学院成员。
[4]　美国全国科学院成员。
[5]　1957 年诺贝尔物理学奖获得者。
[6]　美国全国科学院成员。
[7]　1957 年诺贝尔物理学奖获得者。

科学元典丛书